人生赢在 零逃避

张笑恒
Live Win

著

At Zero
Evasion

天津出版传媒集团

 天津人民出版社

图书在版编目（CIP）数据

人生赢在零逃避／张笑恒著．—天津：天津人民
出版社，2015.5（2018.12重印）

ISBN 978-7-201-09242-3

Ⅰ.①人…　Ⅱ.①张…　Ⅲ.①挫折（心理学）—通俗
读物②成功心理-通俗读物　Ⅳ.①B848.4-49

中国版本图书馆 CIP 数据核字（2015）第 061989 号

人生赢在零逃避
RENSHENG YINGZAI LINGTAOBI

出　　版	天津人民出版社
出 版 人	黄　沛
地　　址	天津市和平区西康路35号康岳大厦
邮政编码	300051
邮购电话	（022）23332469
网　　址	http://www.tjrmcbs.com
电子邮箱	tjrmcbs@126.com

责任编辑	陈　烨
策划编辑	王　猛
装帧设计	沈加坤

制版印刷	廊坊市海涛印刷有限公司
经　　销	新华书店
开　　本	690×980毫米　1/16
印　　张	17.5
字　　数	160千字
版次印次	2015年5月第1版　2018年12月第4次印刷
定　　价	35.00元

别让逃避阻碍你的成功

人生巅峰是怎样一种状态呢？是在公路上开着豪车飞驰？是在私人高尔夫球场惬意休闲？是在奥运会上赢得世界冠军？

人生赢家是怎样一种体验呢？是像马云一样成为致富传奇？是像莫言一样荣获诺贝尔文学奖？是像李娜一样在网球生涯中完美退役？

每个人对成功的定义都不一样，每个人所理解的人生高度也都不尽相同。其实，无须旁顾他人，你只需在自己的能力范围内达成理想，就是赢家。

可惜，你总在瞻前顾后，缩手缩脚，既不相信自己的实力，也不愿激发内在的潜力，一旦遇到不如意的事，就落荒而逃。

现实与理想之间的落差，让你愈发不坚定，你感到万分沮丧，甚至开始怀疑人生。最终，失败者的标签挂在了你身上。

你觉得无力反抗，自认为这是命运弄人？可真的是这样吗？不妨看看朋友圈，翻翻名人榜吧。那些光鲜的成功者，大都有过与你相似的颓败经历，可他们从未选择逃避、妥协、退缩、放弃，即便百转千回，也在奋力向前。

所有人都喜欢追逐成功而逃避失败，但是当失败真的来临的时候，逃避是没有用的。只有正视失败勇于担当的人，才能够战胜失败，从而吸取教训为获得更大的成功做准备。

　　当今飞快的生活节奏和贪婪的物欲让许多人变得急功近利，他们总是幻想不劳而获，殊不知，正是这种心态才使得真正的成功人士越来越少。

　　成功绝不是一蹴而就的，一个能够获得成功的人必然是那种耐得住寂寞，经得起诱惑，不为一次次的挫折所影响的人。

　　再远的征程也是由一个个脚印组成的，一个心里装着目的地的旅行者是绝对不会因为摔倒就放弃征途的。同样，一个积极进取的人也不应该因为失败而放弃拼搏。

　　逃避并非办法，妥协并非良方。失意了，并不代表你就此落魄了。你要明白，即便是失败者，也会有人向他取经问道，而一个自欺自弃的人，整个世界都不会包容他。

　　你不必幻想有朝一日人生是多么辉煌，只需正向迎击前进路上的每一次阻挡，当你磨尽了身上的尘埃，就会成为一个闪闪发光的人。

　　逃避不一定躲得过，面对不一定最难过。做出正确的选择，人生赢在零逃避。

目录

跌倒了再爬起来，生命没有退路可走。
在那一路走来的身后，没有一个脚印是向后转的。
永不止步，你的生命才能活出无限的可能。

第 1 章

CHAPTER ONE

活出精彩：

生活没有退路，你要永不止步

跌倒了再爬起来，生命没有退路可走。

在那一路走来的身后，没有一个脚印是向后转的。

永不止步，你的生命才能活出无限的可能。

你必须非常努力，才能看起来毫不费力

你身边有一群"他们"，每当你看到"他们"熠熠生辉的时候，往往会有一种酸葡萄心理：为什么我没有像"他们"一样光环加身？可是，你要明白，星光之所以璀璨，是因为它们在努力燃烧自己。

很多人喜欢用"一夜成名"这个词来形容草根明星，不错，大部分草根明星好似在一夜之间就从默默无闻变得万众瞩目。但是，人们总是习惯于一面看他们站在辉煌的舞台上赢得喝彩和掌声，一面抒发自己羡慕嫉妒恨的情绪，祈祷自己什么时候也能撞上如此"大运"，却有意无意地忽略了光鲜亮丽的另一面。

在局外人看来，他们真是运气太好了，而对他们本人来说，成名也许不过是受了足够多挫折后的报偿而已，有什么大惊小怪呢？就像唐僧带领徒弟历经九九八十一难，最终修成正果、取得真经，是因为运气好呢，还是因为他们面对困难从不认输的精神呢？如果你有了他们那番经历，就会知道那不过是水到渠成，而不是什么运气使然。

2011年春晚，旭日阳刚凭借歌曲《春天里》一夜红遍大江南北，但在荣耀与光环的背后，却是两人蜗居在不足十平方米的小房间里，生活在社会的底层，甚至到地铁唱歌为生的光景，其落魄情景可想而知。

"西单女孩"任月丽父母多病，自小由奶奶带大，16岁就孤身到北京谋生。流浪街头时，她开始了唱歌。每月，她将一半的收入寄回家中，而留给自己的生活费每天不超过十块钱。此外，她还从生活费中省下钱来购买二手吉他、音箱和CD等，用于学习音乐。

依靠《疯狂的石头》一夜走红，在2010年凭借电影《斗牛》拿到了金马奖最佳男主角的黄渤，早年南下广州只能在影视公司里给当时正红的杨钰莹伴舞，当时他心里的酸楚可想而知了。后来，他到北京连考了三年电影学院，最后考上的竟然是配音专业。学配音要想走红那简直太难了，但黄渤没有放弃他的梦想。终于在坚持了三年之后，《疯狂的石头》给他带来了一片新的天地。

河北农村出生的王宝强，六岁开始习武，后来到嵩山少林寺做俗家弟子，十五岁到北京闯天下，在各个剧组当武行做群众演员。直到十六岁，王宝强才被导演李扬挑中，主演独立电影《盲井》，一跃成为金马奖最佳新人。

李玉刚出生于吉林农村，小时候深受"二人转"的熏陶，极具天赋。后来，他走遍大江南北，拜师学艺。从艺之路何等艰难，他承受了常人难以想象的压力，付出了常人难以想象的努力。从星光大道的"一夜成名"到加入中国歌剧舞剧院，再到悉尼歌剧院独唱音乐会，都因为他的坚持和努力。

……

所谓"台上一分钟，台下十年功"，这句话用在演艺行业是再合适不过的了，很多风光无限的明星大腕背后都有着不为人知的故事。没有过底层的经历，没有被生活打击过，是很难成大器的。

周星驰、刘德华、梁家辉等都跑过龙套，国际巨星成龙也是如此。

蛰伏和磨炼是每个巨星不可缺少的必经过程。

其实不只是演艺明星，各行各业的成功者都是如此。人们看到的往往是成功者光鲜的一面，但要知道，没有这光鲜背后长时间的辛酸苦楚，没有生活对他们无数次的打击和折磨，他们是不可能获得如此耀眼的成就的。

可以说，世界上从来没有不劳而获的事情，任何令人艳羡的成就都需要经历漫长的等待和付出。如同化蛹成蝶，人们只看到扇动着美丽翅膀的蝴蝶，又有谁能真正体会蝶蛹在蜕变过程中的疼痛和挣扎？

较之于那些从小就有舞台经历或者就有被包装机会的明星，草根明星从一开始就像一棵默默无闻的小树苗，无人知晓，无人喝彩，更无人提携，他们只能自己给自己制造营养，自己给自己鼓励，最后长成了一棵大树，偶然被路过的人发现。这不是运气，是回报。

我们之所以沦为平庸之人，不是因为我们运气不佳，也许恰恰是因为运气太好，比如不用努力就有了还算不错的工作，不用努力就找到了一个尚能让自己满意的恋人。于是，我们多半顺势选择了波澜不惊的日子，最多抱怨一下平淡，但也暗自庆幸自己比上不足、比下有余的生活。

当我们在打扑克、看电视的时候，有人却在苦读苦练；当我们在网聊、打游戏的时候，有人却在跌倒后激励自己坚持下去，坚持下去……自然，他们哪天一夜成名了，就会站在万人瞩目的舞台中央，而我们则成了世俗中的一粒砂石，无人关注。正像一句名言说的那样：你必须非常努力，才能看起来毫不费力。

一句话安慰

运气从来没有偶得，而是在你穿山越岭、披荆斩棘、拨开云雾后才能抓获。

你的无所作为，只因习惯了知难而退

曾看到这样一个小段子：

一次宴席之后，萝卜片冲着萝卜雕花埋怨："论身份我们都一样，凭什么你到酒席桌上的身价就高我几倍，实在不公平！"萝卜雕花笑着回答："因为我比你挨得刀多！"萝卜片听后脸一红，哑口无言。

是啊，生活中到处都有"刀子"：挫折、打击、失败……身价就是在刀口上磨炼出来的价值。

每个人都曾经有过为理想而奋斗的经历，但为何最终实现理想的人却总是寥寥无几？因为他们没有经受住上天的考验，在追求理想的道路上掉队了。

如果你去找工作，一次被拒绝就放弃，那你也许永远也找不到如意的工作。如果你做推销员，一次被拒绝就放弃，那么你永远不会成为一名优秀的推销员。就像你想寻找最喜欢的一种味道，却因第一种味道不合口味时就放弃了一样。

让人们真正拉开距离的还不是这些，因为通常人们都不会第一次就放弃，起码也会坚持两次、三次、四次，甚至五次、六次，但有几个人能坚持一百次，又有谁能坚持一千次？

在史泰龙还没有成名之前，他是一个挣扎在贫困线上的穷小子，唯一的财产就是一部又破又旧的二手汽车，为了节省房租，他就睡在车里。为了实现成为电影明星这一理想，史泰龙挨家挨户地拜访了500家好莱坞电影制片公司，寻求一切能够出镜的机会，但是没有一家电影公司愿意录用他。他毫不灰心，开始了第二轮拜访，又遭到了500次拒绝。

第三轮，史泰龙带着剧本去拜访好莱坞的电影公司，再次遭到了拒绝。在经过了1885次严酷的拒绝和冷嘲热讽之后，终于在第1886次拜访时，一家电影公司看中了他的剧本，并给了他担任剧中主角的机会。从此，他时来运转，逆风飞扬，每部电影都十分卖座，一步步奠定了国际巨星的地位。

试想，如果成功是每个人都能轻易得到的，那么何谈成功的喜悦、奋斗的意义呢？正是那1885次的失败，最终成就了一个不可复制的史泰龙。

梦想着成功的人比比皆是，上天不可能让每个人都成功，因此失败和挫折就是淘汰掉一部分人的最好方法。在挫折与失败前，只有那些坚持不懈、永不服输的人才可能获得别人无法企及的成绩。

传说，黄河从壶口咆哮而下途经晋陕大峡谷的最窄处就是龙门所在，每年龙门开启的时候，有无数的鲤鱼逆流而上，顶着奔腾的激流，越过一片片险滩和岩石，想要最终跳过龙门，化身成龙。但也正是这艰险的旅程，才造就了最后成龙的可贵。在一条条被赶走或者主动放弃的鲤鱼中，只有那些不畏艰险、迎难而上的鲤鱼，最后才能真正跃过龙门，变成真龙。

马云在《赢在中国》一期节目里说："对于创业者来说，今天很残酷，明天更残酷，后天很美好，大部分人死在明天晚上，看不到后天的太阳……"这就是坚持与放弃的分水岭，它拉开了希望与绝望、成功与失败的鸿沟。

人生好比跳舞，一个点儿踩对了，后边的点儿都能踩对；放弃了，后边的步子自然也就全乱了。后来，有的人能赶上点儿，有的人却总也赶不上，原因就在于关键时刻是选择放弃还是选择坚持。

有位业务员照例拜访某公司，但他这次运气似乎不太好，被挡在门外，他只好把名片交给秘书，希望能和董事长见面。秘书看他十分诚恳，便帮他把名片交给董事长，不出所料，董事长不耐烦地把名片丢了回去。很无奈地，秘书只得把名片还给站在门外的业务员，业务员不以为意地再把名片递给秘书："没关系，我下次再来拜访，所以还是请董事长留下名片。"

拗不过业务员的坚持，秘书硬着头皮再次走进办公室。没想到董事长这时火了，将名片一撕两半，丢回给秘书。秘书不知所措地愣在当场。董事长更生气了，从口袋里拿出十块钱："十块钱买他一张名片，够了吧！"岂知当秘书递还给业务员名片与钱币后，业务员很开心地高声说："请你跟董事长说，十块钱可以买两张我的名片，我还欠他一张。"随即又掏出一张名片交给秘书。突然，办公室里传来一阵大笑，董事长走了出来："不跟这样的业务员谈生意，我还找谁谈？"

每个人内心都有一股倔强的劲头，把它挖掘出来，你就能在遭到无数次拒绝后愈挫愈勇。从小到大，我们多半不缺少关爱，不缺少温暖，却缺少这种别样的激励。虽然有点儿狠，有点儿辣，但对我们的成长功不可没。

马拉松赛场上，谁是最后的赢家？一定是无论多艰难都没放弃的那一位！这个社会，或者说任何行业一直遵循优胜劣汰的原则，你得庆幸那些拒绝你的人和事，正是因为你没有一开始就梦想成真，才锻造出坚强的意志、昂扬的斗志、奋斗的精神；正因为如此，才让你和那些意志不坚、动辄放弃的人拉开距离，凸显出你的与众不同。

一句话安慰

你被拒绝多少次并不重要，重要的是你在被拒绝N次以后还能像不倒翁一样站起来，拍拍灰尘，精神饱满地再来一次。

相信自己能行，就不会遭遇不幸

有时最幸运与最不幸只是硬币的两面，很多不幸的人在一瞬间就变成了幸运星。我非常喜欢词典中"否极泰来"这个成语，其实对于能够坚持的人来说，不幸的经历更多时候只是上天对他的一种考验。在漫长的黑夜中，只要坚持不放弃，耀眼的光明总会到来。

但凡成功者，大多都曾经历过不幸和失败的考验，历史上无数的例子都为我们昭示了这一点，在背运没有走到头的时候，上天是不会把好运轻易降下来的。

1989年，史玉柱深圳大学研究生一毕业，就走上了下海创业的道路。他凭借自己开发的M-6401桌面文字处理系统，淘到了人生的第一桶金，跻身中国内地富豪前十位。

1991年，史玉柱成立了巨人公司，但因巨人大厦的建设资金告急，加上管理不善，导致公司迅速盛极而衰。他一夜之间负债两个多亿，被很多人认定"永远不可能有翻身之日"。

后来，史玉柱称自己最宝贵的财富就是那段刻骨铭心的经历。当时穷到这种地步——刚给高管配的手机全都收回变卖，大家很长时间都没有领过一分钱工资。当时，为了找原因就把报纸上骂自己的文章一篇篇接着读，越骂得狠越要读。

很多人都认为史玉柱完了，但是，不甘心失败的他在蛰伏了一段时间后决定东山再起重新创业，并将主营业务变成了保健品"脑白金"。一年以后，史玉柱不仅还清了以前公司所欠的债务，还上了一个新的台阶。脑白金、黄金搭档、征途，这一个个响亮的名字，它们的缔造者就是史玉柱。他从一个失败者再次成了胜利者，身家再次达到数百亿。

所有人都喜欢追逐成功而逃避失败，但是当失败真的来临的时候，逃避是没有用的。只有正视失败、勇于担当的人才能够战胜失败，从而吸取教训为获得更大的成功做准备。

这个将成功与失败集于一身的企业家史玉柱曾说："当年有3000多篇文章总结过巨人公司的失败原因，所有人都认为'巨人'和我没有可能东山再起，或者说，他们至少没有想到我还能够重新聚敛起骄人的财富。"史玉柱说得非常轻松，但在遭受失败的1997年，面对如潮的批评和质疑，还能够保持强大的内心，相信自己能够东山再起，这是多大的气魄啊！

无独有偶，花旗集团总裁桑迪·韦尔刚刚从世通出局时，也被很多著名的分析人士认定为"最不可能成功之人"。但是，当2002年他被评选为世界最佳CEO的时候，那些当年质疑他的银行家、大公司的总裁和政治家们又都跑到台下去给他鼓掌了。

看那些被失败一次次打回原形的人，我们都会无比同情，甚至会为他的落魄而落泪。一个在创业的朋友说："如果不行，大不了，我去摆地摊，也能生活。"

所以，不要小看任何一个暂时落魄的不幸者，他们内心的能量也许远远超过你的想象。当他们积蓄了足够的资本，他们的人生就会重新腾飞。

一位年轻的律师生活中充满了挫折和不幸，他称自己是世界上最不幸的人，以至于朋友们生怕他万一想不开而自杀。这个律师自幼贫穷，幼年丧母，父亲还是一个粗暴、没文化的鞋匠。没有钱上学，他只好外出打工。23岁时，他与人合伙做生意，公司倒闭，不但血本无归还债台高筑。

31岁，他经人介绍同出身富贵的玛丽·托德小姐结婚，但总被妻子挑剔，几次欲离家出走。他后来谋求公职，却接连输掉数场竞选，被嘲笑是"常败将军"。

但是，经历过种种打击，人到中年，他却不顾反对和劝告，毅然决定参选美国总统。这次命运之神眷顾了他，他成为美国历史上的第十六任总统，这个人就是亚伯拉罕·林肯——国家的保卫者和黑人的解放者，美国历史上名声最响亮的总统之一。

在林肯的一生中，他所遭受的任何一次打击对于不坚强的人来说都是足以致命的，但在一次又一次的打击中，他却没有沉沦下去，而是变得越来越坚强，越来越富有斗志。可以说，正是这些无情的打击，使得林肯由普通人变成了战士，从而最终取得了辉煌的成就。

我们都期望出身高贵，却不知出身卑贱有时候也是上天对你的恩宠，因为你就此拥有了一生奋起的动力。我们青睐幸运，却忽略了不幸才是最大的幸运。

一句话安慰

人难免有不幸的时候，但绝不能对自己说"我不行"，自我否认才是这世界上最大的不幸。

人生的价值就在于虽败犹荣

　　小时候学骑自行车，父亲教导我说，不要害怕摔跟头，等你摔了一百四十多个跟头之后就能学会了。我当时疑惑地看着他，问为什么，他回答说自己就是摔了一百四十多个跟头才学会的。听了这话我哑然失笑。不过等到自己会骑车的时候，虽然没有摔到一百四十次，但也着实吃了不少苦头。

　　人生也同学骑自行车一样的，每一次成功之前，都必须经历很多次的跟头。成功是失败的积累，这句话总是不假的。

　　有这么一个年轻人，20岁那年他从大学毕业，由于各种原因，在应聘过程中曾先后被30多家公司拒绝，找不到工作，心灰意冷的他准备去当警察，因为当时凭借大学生的身份考进警务部门是件比较容易的事。但是在入围面试的5个人中，他又成了被淘汰的那唯一一个。这时他想自己是不是应该从基层做起，先从事一些最基础的工作来磨炼自己，但当他应聘杭州第一个五星级宾馆想做服务员的时候，还是被刷了下来。之后他又和其他23个人一起应聘杭州肯德基，结果在23个录取名单中，唯独缺少的还是他的名字。

　　这个总与失败结缘的年轻人就是马云，只不过他现在已经不再年轻，伴随他的也不再是失败而是成功。

其实有时候我们觉得自己不够成功，只是因为我们的失败次数还不够多，就像我们想要挖一口井，水层在地下的20米，这时即使我们挖到地下19米都是失败，但反过来想一想，如果没有这前19米的失败，哪能获得第20米的成功呢？

哈伦德·山德士先生，直到66岁高龄的时候才获得了事业上真正的成功。这位全世界第一大快餐连锁店——肯德基的创办人在66岁之前一事无成，总是在一个失败接着一个失败的路途上踟蹰前行。

山德士5岁的时候就失去了父亲。在14岁的时候，由于和继父的关系闹得很僵，他被迫从格林伍德学校辍学，开始了流浪生涯。他先是在农场里给人家干杂活，但干得很不开心，不久就被农场主辞退了。接着他又当起了电车售票员，但也很快被解雇了。

走投无路的他在16岁时谎报年龄参了军，但想做一名战士的他却鬼使神差地被分配在了后勤部门，一天也没碰过枪。

一年的服役期满后，他去了亚拉巴马州，在那里他开了个铁匠铺，但不久就倒闭了。

随后他又在南方铁路公司当了个机车司炉工，他非常喜欢这份工作，以为终于找到了属于自己的位置，但不久之后经济危机来袭，他再次被解雇了。

22岁的时候，他结了婚，但仅仅过了几个月时间，在得知太太怀孕的同一天，他又被新东家解雇了。接着有一天，当他在外面忙着找工作时，太太卖掉了他们所有的财产，搬回了娘家。

他的一生就是失败的总和，里面充斥了生活上、工作上大大小小的1000多次失败。终于有一天，政府的退休金支票寄来了，这张1500美元的支票向他宣告，他老了。

在支票附加的信件上政府部门对他说了这样一段话：当轮到你击球的时候你都没打中，现在不要再打了，该是放弃、退休的时候了。

面对支票和这样一段话，山德士愤怒了，觉醒了，也爆发了。他不相信自己的人生已经结束，他要继续奋斗，就算在失败的履历上再添上一笔他也不在乎。他用那笔钱在加油站旁边开了一间炸鸡店，他要再向命运挑战，不过这一次他成功了。

很多人觉得自己的人生无以为荣，那很可能他的人生中也没有什么值得让人铭记的失败和挫折。一个人只有经历了足够的失败，上天才可能把成功带到他的面前。因屡次失败而心灰意冷的人们，你们应该振作精神，将失败化作下一次拼搏的动力，也许下一次拼搏所带来的结果仍是失败，但只要你不气馁，总有一次是能够获得成功的。

曾经有一个新入行的推销员向行业的成功者讨教成功秘诀，这些成功者的回答无一例外，那就是多失败几次。因为失败的次数越多，摸索的机会就越多，尝试错误的方法也同样越多。这样，了解的错误方法越多，距离触摸成功的窍门就越近，"你就是因为失败的次数还不够多，所以还没有办法知道成功的秘诀"。

一位科学家曾表示自己致力于科学发展55年，只有一个词可以道出艰辛的工作特点，那就是"失败"。所以，成功者既是成功者，也是失败者；失败者既是失败者，又是成功者。

一句话安慰

人在失败后表现出的承受力和忍耐力更能体现人生价值，昭示内心的强大。

不为失败找借口，只为成功找方法

记得曾经在电视上看到某主持人采访过一位成功人士，这位众人眼中的成功者说："你们不应该采访成功者，而应该采访失败者；成功者的经验并不会让人取得成功，但失败者的经验却可以让人避免失败。"

这句话说得非常正确，对于一个决心做大事的人，在他前进的道路上没有失败并不是一件好事，因为失败可以让人积累经验，而廉价的成功只能让人变得更加自负。

为何年少时被称为神童的方仲永长大之后却泯然众人呢？因为他成长的道路太顺利了，一点儿挫折也没有经受过，总是被成功的喜悦和他人的赞扬声环绕着，最后迷失了自己。

同样是神童，明朝嘉靖年间出现的一位湖北孩子就比他幸运得多。这个孩子也是从小被冠以神童的称号，5岁的时候开始学习经文，7岁便通晓六经大义了，等到12岁时便考中了秀才，一时间意气风发。

13岁的时候他向更高的层次迈进，报名参加乡试。在乡试时他对答如流，让当时的湖北巡抚非常满意，并且把自己的腰带解下来赠送给了他。但等他走后，巡抚却吩咐手下人无论如何不能让他考中举人。

这并非是巡抚大人想要为难这孩子，而是巡抚见过太多因少年成名而不思进取的例子，于是想用失败来考验考验他的意志。

果然在失败中磨炼出来的孩子没有消沉，他刻苦准备了三年，在第二次的考选中一举中的。

这孩子就是中国历史上有名的治世之臣，万历年间的内阁首辅大学士张居正。

张居正的一生取得了别人无法企及的成就，但同样也承受了别人无法承受的失败和打击。这第一次的落第就是一次莫大的打击，试想如果他在13岁时就成功地考上了举人，很可能就会因为成功而变得目中无人、骄傲自满，而这样的性格一旦养成，在风云诡谲的朝堂上，成就一番大事业的道路恐怕也就被堵死了。

成功的原因多种多样，偶然性也是其中之一。一个没有经历过失败的成功者不是没有，但没有经历过失败对于成功者来说肯定是不利的，因为一直被成功的喜悦包围着的人总是喜欢将自己的努力与能力无限放大，这时迎接他的往往是更惨重的失败。对于一个经历过失败的成功者来说，因为有了失败的教训，他们能够以更坦然的心态、更缜密的思维、更巧妙的手段来面对失败。

靠小小的腐乳发家，被人称为"腐乳大王"的曹约泽就是一个从失败走向成功的人。

2003年，曹约泽从单位辞职，开始生产豆腐乳。2004年春节前，曹约泽的产品进入市场。

对于自己的产品他满怀信心，他期待着能够"一炮走红"。但令他没想到的是，接踵而来的不是如雪片般飞来的订单，而是如北风般令人彻骨生寒的批评和指责。因为工艺上的不合格，很多人吃了他的腐乳之后感到肚子难受，因此他的产品市场和口碑一落千丈，零售商们纷纷退货。

当时，正值春节前夕，债主们纷纷上门讨债。消费者的指责和他人的嘲讽也充斥在他的四周，这无疑给他带来了非常大的心理负担。

不过曹约泽并未被这些负担压垮，在失败中他开始反思，他静下心来仔细分析问题到底出在何处。经过一番详细的调查，他发现，由于生产的豆腐太嫩，在发酵时产生了一种病菌，这种细菌对腐乳的口味没有太大改变，但吃过之后却会非常不舒服。

找到了问题所在，曹约泽就开始着手解决问题。他和手下的员工开始潜心钻研豆腐制作的技术，改进腐乳的生产流程。

经过不懈地努力，问题终于解决了，他的腐乳又能重新上市了。到了2005年底，他不但将欠款还清了，还拥有了一个畅销的腐乳品牌。

不想摔跤，唯一的办法就是不学走路，就像我们如果不去想什么出人头地，不去想实现理想，那就不必去冒风险拼搏，找个饿不死的工作慢慢磨日子。如果你不甘于如此，那就丢掉优越感，准备好和失败好好交锋一下，直到你不再怕它，直到它开始怕你。

品学兼优、相貌出众的蔺优毕业后应聘到一家报社担任主管，然而好景不长，试用期未过，她就辞职了。原来，蔺优初到公司就得到了上司的器重和男同事的青睐，但是她和女同事根本无法相处。

她认为这是女同事们都嫉妒她，故意找她麻烦。因为各种小事，她和办公室里的女同事吵了个遍。慢慢地，上司和男同事都疏远了她。

她找上司倾吐苦水，上司却说蔺优不太成熟，希望她能从职员做起，再锻炼磨合一下。无法接受现实的蔺优选择了立即辞职。

没有经历过失败的成功是暂时的，就像一座地基并不严实的高楼，你不可能躺在摇摇欲坠的建筑里高枕无忧。

如果你能把每一次失败都变成一块块砖，垫在自己脚下，那么你终

人生赢在零逃避
Life win at zero evasion

有一天会借助脚下的高度看到不一样的风景。

一句话安慰

　　一帆风顺和万事如意只是美好的愿望和美丽的传说。一帆风顺说明你是在往万丈深渊里下落，太过坎坷说明你选错了前进的方向。

别因为一次跌倒而放弃整个征途

俗话说：一口吃不成个胖子。那些取得非凡成就的人，没有哪个是一蹴而就的；所有成功者都经历了长时间的积累才厚积薄发，一飞冲天。

现在很多人都知道澳大利亚伍尔沃斯是世界上最大的小商品零售超市，却很少有人知道，在20世纪20年代它刚刚成立的时候，也经历过一段不小的波折。

1924年伍尔沃斯先生向朋友借了300澳元，创立了自己第一家5分店，店里的商品都是5分钱一件。这一天才的创意为他带来了很好的收益，一时间生意非常红火。

被美好前景激励着的伍尔沃斯开始有些晕头转向，为了能够尽快地赚到更多的钱，他在澳大利亚西部接连开设了4家分店。但令他没有想到的是，经过一段时间的惨淡经营、苦苦挣扎，在这4家分店中竟然有3家赔钱。

经历了第一次失败的伍尔沃斯开始冷静了，他分析失败的原因：首先自己没有开分店的经验；其次信得过的手下没有精力管理那么多家店面，而且在管理方面也有很大的漏洞。

对于这些错误，伍尔沃斯作出了深刻的检讨，并随后采取了稳打稳扎的策略。

在其后的十多年时间里，他虽然一共只开了12家分店，但是由于家家赚钱，却给他带来了很多发展飞快的同行都无法企及的收益。

步子大了容易栽跟头，伍尔沃斯就是个很好的例子。

那些真正使成功者不同于普通人的，是他们心甘情愿地一步接一步往前迈进，不管路途是崎岖还是平坦，他们都一步一个脚印地坚持向前。一个能成大事的人，就要有这种坚持的意志。

有这样一个流传很广的故事：

一位年轻的画家刚出道时，三年也没有卖出去一幅画，生活窘迫的他为此感到非常苦恼。于是，他便求助于一位全国知名的老艺术家。

到了老艺术家的家里，他将自己的苦恼向老艺术家倾吐了出来，问为什么自己整整三年居然连一幅画都卖不出去。那位老画家微微一笑，开口问他一幅画大概需要多长时间完成，年轻人的回答是大概一两天，最多不需要三天。

老艺术家听了哈哈一笑，语重心长地对他说："年轻人，其实我也是像你这样的啊，不过是把时间颠倒过来，我用三年的时间去画一幅画，当画画好了，不到三天就卖出去了。你那方法不行，要不就试试我的方法吧！"

年轻人听了老艺术家的话，若有所思，匆匆道谢离开了。

成功绝不是一蹴而就的，只有那些静下心来应对长时间的苦难与挫折的人才能够绳锯木断，水滴石穿。

李白有句诗叫作"十年磨一剑"，这是一个成功者必须具备的良好心态。太史公司马迁写《史记》用了18年，班固写《汉书》用了20多年，王充写《论衡》历时30多年，许慎用了22年才完成《说文解字》，玄奘写《大唐西域记》用了17年，司马光写《资治通鉴》用了19年，王祯写《农书》花了15年，徐霞客写《徐霞客游记》历时34年，宋应星写《天工开物》用了20年，李时珍写《本草纲目》花了27年。我们看看古代的先贤，但凡取得大成就的人都要经历一段艰苦卓绝的奋斗。

现在社会发展是越来越快了，飞快的生活节奏和贪婪的物欲让许多人变得急功近利，他们总是幻想着不劳而获或者说少劳多获，殊不知，正是这种心态才使得真正的成功人士越来越少。

一个能够获得成功的人必然是那种耐得住寂寞，经得起诱惑，不为一次次的挫折所影响的真英雄。

我曾见过有很多人在初入社会时都拥有非凡的雄心壮志，但当遇到一点儿挫折就变得畏缩不前。对于这样的人，我就只能用志大才疏这个词语来形容了。

罗马不是一夜之间建成的，古往今来凡是成功者，也绝没有任何一个人是一步登天的。在挫折和失败面前不低头，解决掉一个又一个问题，这才是他们成功的关键。

再远的征程也是由一个个脚印组成的，一个心理装着目的地的旅行者是绝对不会因为摔倒就放弃征途的。同样，一个积极进取的人也不应该因为失败而放弃拼搏。

一句话安慰

失败者，往往是热度只有五分钟的人；成功者，往往是坚持最后五分钟的人。

没有忍耐，就无法成就圆满

我曾和杂志社的朋友一起去爬观音山。

爬山不久，大家就开始纳闷："观音山，顾名思义，一定要有观音才行。可是，大家沿着石阶艰难攀爬了几百米，怎么连观音的影子都没见到呢？"

爬到半山腰，有些人身心疲惫，于是停下来休息纳凉了，有些人心灰意冷不愿继续往上爬了。我和几个朋友手拉着手，顺着陡峭的山路逶迤而上，终于在观音山的巅峰之处，看到了坐卧在雾气缭绕的祥云顶端的观音圣像。那一刻的喜悦就像久旱的土地遇到了一场久违大雨，溢于言表，酣畅淋漓。

坐在山顶，望着观音圣像，我突然想到《西游记》里的一个情节：孙悟空要保护唐僧西天取经，临行前向观音菩萨诉苦。孙悟空说："菩萨，俺老孙翻一个筋斗就能跨越十万八千里，还不如让我背着师父，一个筋斗就飞到了西天，何苦还要跋山涉水，历尽千难万险？这一路上没准会遇到妖魔鬼怪，怕是天竺没有赶到，我师父的这尊真命之身都已经变成尸骨残骸了。"

观音菩萨笑着说："如果我让你一个筋斗就翻到西天去的话，那还有什么意义呢？那还叫什么西天取经呢？你们什么磨难和苦痛都没有经历过，就想轻而易举地修得正果之身，你认为佛祖会让你们师徒功德圆满吗？"

不经过蜿蜒曲折的艰难攀登，就不能见到庄严肃穆的观音圣像；不经历九九八十一难考验，就不能修成正果；不经过人生的多番磨难，就不能有所成就。

他们师徒之所以成功，更重要的一点在于心中的信念从来没有动摇过。面对艰辛和磨难，他们坦然承受，并且靠法术、武艺等去战胜磨难。

试想，若唐僧受不住煎熬，放弃了，那取经也不过是一场无疾而终的闹剧。

现实生活中，很多人经历了"三十难"之后，就受不了了，就想着行李一分，你回你的"高老庄"，我回我的"水帘洞"了。这样半途而废，怎么可能到达目的地呢？

正如你想穿越大沙漠，走了一半，就不想走了，退回来了。表面上看，你已经走了一半，实际上下次还要从第一步开始。

若你想在一个行业成为专家、行家，不经历完整的九九八十一难，那么成功只怕很难。

不少人在创业之初就有自己规划已久的蓝图，但在创业困难时期，往往轻易地就做出解散企业或团队的举动。这就像打游戏闯关，你通过不了这一关，怎么能开启下个宝藏呢？

某晚报曾报道过一则创业故事：一个名叫丁景文的小伙子在北京打工期间，对北京的市场进行了考察，他发现山野菜在北京很受欢迎，于是他回到家乡创办了山野菜食品加工厂。

创业初期十分艰难，除了资金问题，他还需要攻克清洗、消毒、腌渍、加工、包装、贮藏、销售等难关。很多人都劝他知难而退，但丁景文认为创业就是要一条路走到底的，而且越是艰难越要坚持。他有一句"名言"：只有疲软的厂长，没有疲软的市场。

唐僧的原型玄奘大师在西行途中，水袋打翻了，路找不到了，在茫茫戈壁中，他本能地选择了回头。可就在这"十里回头路"中，玄奘大师经历了人生最为重要的思考："自念我先发愿，不至天竺，终不东归一步，今何至此？"他想起来自己的誓言，于是调转马头，再一次坚定信念："宁可就西而死，岂能东归而生！"

"世之奇伟、瑰怪、非常之观，常在于险远。"若想要"一览众山小"，那就不能向陡峭的山峰和险峻的悬崖举手投降；若想要成就辉煌的伟业，那就需要遍遭"九九八十一难"方能取得"真经"、修成"正果"。艰难困苦，玉汝于成，正是这个道理。

一句话安慰

上天在赐给你幸福之前，一定会让你经受同等的苦难。没有忍耐，没有等待，就无法成就圆满。

对自己狠一点儿，离成功近一点儿

《乱世佳人》里，斯嘉丽回到被战争毁掉的家园后，手握拳头愤然起誓："上帝为我作证，上帝为我作证，北方佬休想将我整垮，等熬过了这一关，我绝不再忍饥挨饿，也绝不再让我的亲人忍饥挨饿！"

在那样一个苦难的年代，一个女人勇于面对现实，敢于向生活宣战，可谓坚强。正是这种从苦难中衍生出来的求生欲望和成功欲望激励着斯嘉丽战胜了一切困难，重建家园。

心理学上有个概念——"期望强度"，意即一个人在实现自己期望达成的预定目标过程中，面对各种挑战和困难所能承受的心理限度，或者说是成功欲望的牢固程度。

如果一个人的期望强度不高，将无法面对残酷的现实，容易半途而废。只有那些意志坚定、拥有足够牢固期望强度的人，才能排除万难，坚持到底，永不放弃，逆转人生，用强大的内心化解一个又一个困境，从而使事情变得顺利起来。

当年，有个年轻人向大哲学家苏格拉底求学。苏格拉底把他带到小河边，两个人跳到河里，苏格拉底突然将年轻人的脑袋按进水里。年轻人拼命挣扎，刚一出水面就又被按进去，如此再三。用尽全身力量挣扎而出的年轻人问："大师，你到底想干什么？"苏格拉底答道："年轻人，如果你想向我学知识的话，你就必须有强烈的求知欲望，就像你有强烈的求生欲望一样。"

那些被贫困、坎坷折磨的人们为什么能成功，正是因为他们有强烈的求生欲望和成功欲望。这种欲望带来了一种强大的力量——一种明确的意愿和无坚不摧的欲望所迸发出来的力量。它使人能排除万难，永不放弃。所以，成功是源于"我一定要"，而不仅是"我想要"。

这听起来像是时下流行畅销书中成功理念的老调重弹，但却是人生的不二准则。只有从内心认可了，并采取了切实的行动，它才会起作用。

1994年，刘青一下子经历了丈夫变心离婚、下岗、丧父等诸多变故。原本美好的生活在刹那间变得面目狰狞，是那么的可怕。刘青曾服药自杀，被朋友救醒后幡然醒悟："命运不是辘轳，我也不是一个与生俱来的弱者，我就不信命运之绳永远会牵着我的鼻子往死处走！"

在多番领教了生活的残酷之后，坚强的刘青开了"刘嫂饺子馆"，辛苦耕耘，直至柳暗花明。

新希望集团董事长刘永好20岁之前没有穿过一双像样的鞋子，没有穿过一件新衣服。

为了让孩子过年时能够吃上一点儿肉这个卑微的愿望，他辞去了教师的工作，开始和三个哥哥一起开始了创业之路。

事业遭逢变故时，刘氏兄弟凌晨四点就起床，蹬3个小时的自行车，赶到20千米以外的农贸市场，再用土喇叭扯起嗓子一遍一遍叫卖，风雨无阻，可谓历经艰辛，但最终苦尽甘来。

一个男孩从小就想成为一名出色的作家，然而，父亲病逝，他自己下身突然瘫痪，母亲因为脑出血去世，一连串厄运使他绝望。幸而心中的梦想给了他希望，他对自己说："我要对我的生命负责！决不轻言放弃，我要向逆境挑战！"他就是贺绪林，《关中匪事》《日落高原》《绝地苍狼》等长篇小说的作者。

麦子曾在文章《我奋斗了18年才和你坐在一起喝咖啡》中写道："我可以忍受城市同学的嘲笑，可以几个星期不吃一份荤菜，可以周六周日全天泡在图书馆和自习室，可以在周末自习回来的路上羡慕地看着校园舞厅里的成双成对，可以在寂寞无聊的深夜在操场上一圈圈地奔跑。我想有一天我毕业的时候，我能在这个大都市挣一份工资的时候，我会和你这个生长在都市里的同龄人一样……"。

为什么我们遭遇挫折时会觉得人生一片黑暗，而别人却抓住了那点希望，拥有动力去前行？这取决于你是否拥有强烈的欲望、动力和决心去完成你的梦想。

黑人小男孩福勒牢记母亲的一句话："我们的贫穷不是由于上帝的缘故，而是因为你的父亲从来就没有产生过致富的愿望。家族里的任何人都没有过出人头地的想法。"对，那些安于现状的人之所以继续贫困，就是因为没有致富的欲望和念头，即便有，也不够强烈。

要知道，你的欲望有多强烈，你就能迸发出多大的能量，能克服多大的困难。可以说，这种积极状态下的野心和欲望，可以逼得一个人献出一切去排除所有障碍，可以使一个人的力量发挥到极致。

这个世界只有屈服于命运的人，从来没有败给命运的人。成功的欲望是获得成功的原动力。

当你有了远大的目标，有了火热的、坚不可摧的欲望和强大的内心，那么你必然能产生坚定有力的行动。

在从事某项工作时，要阶段性地静下心来，评估一下新的进展，或是检讨一下自己的效率，始终保持牢固的期望值，好像"看见"了工作的结果，这样就能保持信心与激情全身心地投入工作！

信心有了，期望有了，热情有了，方法有了，事情自然就顺了。

一句话安慰

辉煌的人生都是逼出来的，学着对自己狠一点儿。

出众的人都有一颗从众的心

2007年9月"形神兼备——刘德华模仿秀"决赛时，选手刘克辛一开场别出心裁地模仿刘德华的声音，用粤语做了自我介绍，这使他分外抢眼。

不久，当身着白色上衣、牛仔裤的刘克辛亮相在舞台上，台下马上欢呼起来。而当"地球自转一次是一天"这句歌词从刘克辛那富有磁性的足以乱真的嗓子里流淌出来时，台下顿时尖叫不已。

相信很多人都看过模仿秀节目和比赛，这种场景自不陌生。比赛选手们往往利用自身的优势和模仿天赋，通过一些举止、声音、表情、动作等来模仿刘德华、张学友、王菲、杨坤等大牌明星。而模仿得最惟妙惟肖的人往往能得到公众和媒体的追捧，甚至能成为真正的大明星。

2000年刘德华模仿秀的总冠军吴可已经是刘德华的御用替身了。

据说，中学时代吴可便被同学发现，与巨星刘德华有几分相像。而且，长大后的吴可更是把刘德华唱歌时的嗓音模仿得惟妙惟肖。

起初，吴可并没有觉得自己的明星脸可以当饭碗，但是在IT、广告行业的求职屡屡碰壁，让吴可萌发了进军娱乐圈的念头。

事实上，自吴可获得刘德华模仿秀冠军后，他便成功踏上了娱乐圈的舞台。

近些年，模仿秀的火爆程度和模仿秀草根明星的频现，让越来越多的人开始挖掘自己的模仿天赋。

2008年3月，杜开心获得了《梦想剧场》韩红模仿秀的周冠军，并由此打响了自己"小韩红"的名气。

因为家里经济条件不好，从小喜欢唱歌、大学学美声的杜开心毕业后就去深圳打工，在酒吧等场所当歌手。

不过踏上模仿秀之路算是偶然，因为杜开心比较胖，一开始经纪公司并不看好她，对她挺冷淡的，这让杜开心有些泄气。

偶然一天，杜开心去理发，因为发型师觉得她挺像韩红的，就建议她剪短发。抱着试试的心态，杜开心就剪了短发。谁知，戴上眼镜之后，大家都觉得她非常像韩红。

就从这个时候，杜开心开始模仿韩红。她把自己关在家里练习了两个多月，别的歌都不唱，专攻韩红的歌，每首歌至少唱两三百遍。之后，一个偶然的机会，杜开心参加了《梦想剧场》，并一炮走红。

其实，像吴可、廖鸿飞、杜开心、小沈龙等，大都是从默默无闻，并不被看好，到模仿明星得到认可、演唱成名。他们原本在人群中毫不出彩，但是利用自己的模仿天赋，也绽放了光华。所以，一个人在没找到属于自己的特色之前，那么不妨把自己的模仿天赋发挥到极致吧，这也不失为一条捷径。

现在我们打开电视，各种超级模仿秀节目和比赛层出不穷，为模仿者提供了广阔的舞台。

我常看到天津卫视《王者归来》节目的宣传广告。这个巨星模仿秀节目以"致敬巨星荣耀，见证巨星诞生"为口号，誓要将模仿风暴刮向全球。

其实，我女儿倒是关注刘德华模仿秀的。说起模仿刘德华的明星，除了吴可，女儿还是挺赞誉华劭的。华劭因为外貌酷似刘德华，嗓音也绝无仅有，而被乐坛封以"内地天王"的称号。据说，他从小就喜欢音乐，尤其特别喜欢听华仔的歌，唱华仔的歌。

我曾陪女儿看过一期采访华劭的节目。他说模仿本身也是一种艺术，而且还说一个成功的艺人都必须经过三个阶段，即模仿、改编，再到创作。而他正从模仿中走出来，创作发行具有自己风格的歌曲。

我们都知道，模仿或者说临摹，在书画领域是很重要的。

还记得以前学美术，我和同学们都不喜欢临摹，倒是都想把自己看到的、想到的，按照自己的意思画出来。可是我们却发现想得很好，画出来却变了味道。大家不知道何去何从，很是迷惑。

老师就抽出几本画册，让我们每天至少临摹三张。大家当时都不以为然，但是，一个月后，大家的绘画技术却都有了突飞猛进的进步。

有句话说："站在巨人的肩膀看世界，你会比别人看得更远。"其实，模仿明星唱歌或表演的过程中，一方面可以学到很多唱或演的技巧，另一方面也可以利用明星本身的影响力，迅速提高知名度。这样的话，你成功的可能就会大一些。

被誉为中国模仿第一人的张议天和登上《星光大道》获得好评的杨光，就是通过模仿很多名人才受到大家关注的。

需要注意的是，模仿明星的时候，你可以借鉴和学习明星身上的才能或者演艺技巧，但是不要丢掉了自我。很多人现在为了惟妙惟肖地模仿明星而去整容，我觉得这就有点儿不可取了。

齐白石有句名言："学我者生，似我者死。"模仿不可能成为一个人一生追求的艺术。

晋代王羲之自幼爱习书法，年少时模仿卫夫人、张芝、钟繇等，可谓博采众长。但是王羲之并没有停留在模仿这一阶段，反而精研体势，心摹手追，广采众长，冶于一炉，独创了圆转流利之风格，最终才被奉为"书圣"。

在和别人差距比较大的时候，模仿常常是创新的第一步。

所以说，在你未发掘自己的特色时，把模仿天赋发挥到极致是有益于你成长的。但是，模仿到了一定阶段，你就要学会在创新中找到自我。因为任何学问都要有创新，只有独一无二有个性的东西才会是永恒的。

一句话安慰

要想创新就必须从模仿做起，没有模仿作为基础，创新无从谈起。

未来的你，会感谢今天受苦的自己

莉丝·默里出生在纽约贫民窟，她在极其恶劣的环境中度过了童年。15岁时，她流落街头，靠捡垃圾为生，在地铁里睡觉。

后来，她的母亲患病身亡，她深受触动，决定重返校园，改变命运。

无处安身的她在地铁站、走廊里学习、睡觉，用两年的时间完成了四年的课程，并获得《纽约时报》一等奖学金，最终以优异的成绩进入了哈佛大学。

这是一个女孩与命运抗争的真实故事。面对逆境与绝望，莉丝·默里不屈服的勇者精神令人动容。因此，美国"脱口秀女王"奥普拉为其颁发了"无所畏惧奖"。

大部分人在面对生活的残酷时会不知所措，会终日沉浸在彷徨迷茫之中，不愿睁大眼睛去看看周遭的形势，不去想到底是什么造成了现在的困境，更不会做任何努力去改变。

在《风雨哈佛路》一书中，莉丝说："我为什么要觉得可怜，这就是我的生活。我甚至要感谢它，它让我在任何情况下都必须往前走。我没有退路，我只能不停地努力向前走。"

不要再追问："为什么受苦受难的总是我呢？"也许这些磨难只不

过是上天考验我们的方法，为了让我们获得成长，变得成熟。

有一个小伙子出身于一个残缺不全的家庭：父亲是瞎子乞丐，母亲与大弟精神异常又重度智障，一家4口曾全靠他乞讨为生。他在坟地里、猪圈中睡了17年，忍受了17年的讥讽、耻笑与鄙视。但是，这些都没有消磨他对生活的热情。

他想向世人证明：乞丐也有出人头地的一天！为了使父母摆脱这种非人的生活，他拼命地学习，花别人双倍的努力，最终成了台湾省一家专门生产消防器材公司的厂长，并被选为台湾第37届"十大杰出青年"。

他的名字就叫赖东进。

在颁奖典礼上，他说："我要说，我对生活充满了感恩的心情。我感谢我的父母，他们虽然瞎，但给了我生命，至今我还跪着给他们喂饭；我还感谢苦难命运，是苦难给了我磨炼，给了我这样一份与众不同的人生；我也感谢我的丈母娘，是她用扁担打我，让我知道要想得到爱情，必须奋斗必须有出息……"

自古磨难出英雄，从来纨绔少伟男。磨难养人，它给予我们的不仅是体魄，还有如何在暴风雨中航行的方法。更重要的是，它历练了我们的心灵和品格。那些真正的苦难使人们放弃幻想、直面人生，与困难搏斗，让他们经受住了命运的折磨，变得坚强。

时下的"凤凰男"与其说是靠求学"飞"出山村的，不如说是"浴"苦难而重生的。

虽然他们留在城市工作生活，但是早年农村生活的残酷与艰辛给他们的心灵留下了深刻的烙印。吃苦的日子使得他们普遍具有那些家境良好的人所不具有的吃苦耐劳的精神以及拼搏的狠劲。

当城里人经不住挫折、打击，拈轻怕重求安逸时，"凤凰男"们正靠着困难中磨砺出的韧性，扛起了更多重任；当别人在挥霍金钱的时候，"凤凰男"们懂得珍惜生活，珍惜眼前的所有；当别人在混吃啃老的时候，"凤凰男"们正靠自己的双手努力奋斗，为父母和下一代创造更加美好的生活；当别人浑浑噩噩度日的时候，"凤凰男"们正在各行各业实现自己的人生价值。

当你觉得没有安全感的时候，当你觉得前途未卜的时候，不要停下来，向前走吧，尽自己的所能努力奋斗，去看看未来究竟会怎样。如果你有梦想或愿望，那就先让心灵到达那里，然后就朝着那个地方，脚踏实地地采取行动。

一个从来没有见过猛虎的人可能会惧怕豹子，但是一个战胜过老虎的人，面对更强壮的狮子都不会退缩。苦难就像人生的拦路虎，今天你战胜了它，明天就无所畏惧。

一句话安慰

不要抱怨我们人生路上的贫困和坎坷，未来总有一天你会感谢今天的所遇。

人面对脆弱的能力，远超乎自己的想象

当年，梅艳芳陪姐姐去参加歌唱比赛，结果姐姐没有选上，她却引人瞩目，进入了娱乐圈。

当年，梁朝伟与好友周星驰一起去报考无线艺人培训班，结果他考上了，周星驰却没考上。

F4中的周瑜民也是陪朋友去试镜，结果因等待而出神发呆的表情被制作人拍板选中。

这些偶然成名的故事在娱乐圈很常见。所谓"有心栽花花不开，无心插柳柳成荫"，有时候，你觉得自己不行，怕被拒绝，但是说不定你就能意外地成了别人眼中的"千里马"。

听朋友讲过一个关于求职的趣闻，说一个转年即将退休的"老监理"老郭陪儿子到人才交流会上找工作。但是，学历高的儿子应聘建筑师没成功，本是凑热闹的"老监理"倒是被用人单位以优厚待遇破格录用了。

原来，老郭看到有招监理的，就随口问问待遇，没想到这么一聊竟然"有戏"。老郭对对方开出的待遇很满意，招聘单位对老郭的专业素养很感兴趣，因为他既懂得在施工现场的"博弈"，又能调解资方与劳方的矛盾。

看来，人生还真是处处有奇遇。

求职的时候，"有心栽花花不开，无心插柳柳成荫"的事情还真是不少。

曾在报纸上看过这样一个事情。中南民族大学财务管理专业的毕业生李苗贵因为连跑了两场招聘会，还一无所获，所以疲惫不堪的他就没有去参加东芝的招聘宣讲会，只让同学帮他投份简历。结果，本来没抱什么希望的他，却接到了东芝的笔试通知。

李苗贵不是名校毕业生，大学期间也没拿过奖学金，但是他的社会实践经验丰富，又具有务实品格。过关斩将后，他成功地敲开了世界500强名企——日本东芝的大门。

人生就是很奇怪，原来拼命地找工作，逛招聘会逛得吐血，还是一点儿收获都没有。现在，无心插了一枝柳，竟然在不经意间改变了一切。

有时候，我们比自己想象的还要有能力，还要更值得别人欣赏。

我的校友洛枫，比我晚好几届，是学计算机的。他有软件设计师证书，英语六级，还担任过学生会主席，所以简历还是非常体面的。

洛枫大三就希望到宝洁做销售实习生，谁知虽然过了六级但是在网申的时候，却发现自己一点儿也不会回答那些罗列的开放问题，最后连网申都没通过。

后来，洛枫参加了阿里巴巴的招聘会。通过了初选，到了面试阶段，结果被一个"你未来的职业规划是怎么样的"问题给弄出了局，而他的3名同学都面试成功。洛枫吸取了教训，以后想好职业规划再求职。

大四之后，洛枫又参加了几场笔试面试，诺基亚的、西门子的、支付宝的、雅虎的等，但还是天不遂人愿。眼看着应聘最佳时机就要过去了，洛枫心里很着急。

偶然间，洛枫得知工行软件中心也在招聘，就抱着多试一个不多，少试一个不少的心态，在网上申请了。

笔试之后，洛枫就觉得自己没戏了，就把这事丢到了一边，没放在心上。谁知，两周过后，洛枫接到了面试通知。

洛枫说当时自己很平静，可能是面试面多了，麻木了。

据洛枫说，面试时专业问题少，他没什么感觉，算是顺风顺水。

两个星期后，洛枫就收到了体检通知，然后不久就收到了工行的录用通知。

洛枫每次回忆这些事情，都感叹地说找工作就跟找对象一样，你中意的往往跟你不来电。但是，你要有自信，只要你有实力、够优秀，老天总会在不经意之间给你掉下个"林妹妹"的。

"众里寻她千百度，蓦然回首，那人却在灯火阑珊处"，也许有时候不经意的事情就会改变人生的轨迹。

我的一位好友准备跳槽，结果几次面试都碰壁了。他以前的一位客户打电话给她，说自己公司走了一个人，问他有没有兴趣？当时，他也没当回事，后来聊着聊着就被在场的外国老板看上了，招进了公司。

我记得有这么一句话，说："生活不会像你想象的那么好，也不会像你想象的那么糟，无论好的还是糟的时候，都需要坚强。人面对脆弱的能力，远远超乎自己的想象。"

一句话安慰

在被拒绝了之后，我们也不要灰心，人生充满奇遇，给自己一点儿肯定和信心才是最关键的。

第 2 章
CHAPTER TWO

成全自己：

你不必活在别人的认可里

别将自己的人生限定在别人的认可里，

只有懂得享受自己的生活，

不受别人的消极影响，你才是幸福的。

没人看好你的时候，你才有机会证明自己

　　我们常常提到"黑马"——出乎意料而胜出的赢家，"黑马"之所以"黑"就是因为他不为人所看好，人们相信他做不到，但是最终他却做到了，进而让那些不看好他的人瞠目结舌。

　　现在大家都知道，梅兰芳先生是不世出的京剧表演艺术家，但是很少有人知道，梅先生原本也是一匹"黑马"。

　　19世纪末梅兰芳出生于京剧世家，从小对京剧耳濡目染的他在八岁的时候，也向家里提出拜师学艺的请求。对于梅兰芳这一请求，家里自然是答应，于是就开始给他物色老师。

　　梅兰芳要学的是旦角，男孩子学旦角，唱、念、做、打都要模仿女性。

　　刚学的时候，梅兰芳入门很慢，一出戏师傅教了很长时间，他还没有学会。耐不住性子的师傅终于有一次找到梅兰芳的父亲说："这孩子不行，不是块唱戏的材料。"

　　父亲将师傅的话告诉梅兰芳，他听了心里很不是滋味，但他并没有因此而气馁，反而下定决心一定要学会唱戏。

　　没人教他就自己学，他用心思考，反复练习，一段唱词，别人唱几遍就不练了，他总要坚持练二三十遍。经过刻苦练习，他终于练出了圆

润甜美的嗓子。

当时师傅拒绝梅兰芳的原因还有一个，就是他的眼睛有点儿近视，没有神，被人形容成"金鱼眼"。

按照常识，对于京剧里面的旦角来说，眼神是最重要的。这怎么办呢？梅兰芳就养了几只鸽子，每当鸽子飞起的时候，他就紧紧盯着飞翔的鸽子。

他还经常注视水中游动的鱼儿。渐渐地，他的双眼越来越有神。日子一长，人们都说，梅兰芳的眼睛会说话了。

就是在这么刻苦的练习下，梅兰芳由当初的"不是唱戏的材料"终于唱成了名角，最后还成了独创一派的宗师。

一个人不是做任何事都能够得到别人掌声的，当质疑和嘲讽的声音困扰在你的脑海挥之不去的时候，你是不是也曾犹豫过？是不是要放弃那个不被他人看好的理想？

当所有人都向你劝告、用他们的"事实"证明你的选择是错误的时候，你是否也曾想过要按照他们说的去做？

这是每一个有理想的人都曾经面对过的问题。在面对这个问题的时候，有些人选择了妥协，动摇了自己的信念，结果变得平庸；而另一些人则不然，他们不但没有为质疑所困扰，反而把它看作是前进的动力。

别人越是质疑，他们就越要证明自己，最后他们成功了。梅兰芳大师是这样做的，历史上很多的成功者也是这样做的。

有这样一个女孩，她从小就很喜欢唱歌，总是跟着收录机里面的歌曲哼唱。

女孩有一个梦想，那就是将来有一天要成为一名歌唱家，在万众瞩目的舞台上歌唱，为此她苦练基本功，到处寻觅歌唱碟子，艰苦地努力着。

但是令她感到悲伤的是，身边的亲人和朋友都不看好她，因为她有着非常严重的牙齿缺陷。家里人觉得没有人会花钱看长着龅牙的人唱歌，因此劝她放弃。

家人的劝告虽然没有让她放弃理想，但仍然给她带来了深深的刺激。从此以后，她在唱歌的时候都要尽量地掩饰自己的牙齿，以免被人看到。

升入中学之后，在一次校庆会上，她被选为歌唱演员。她是既兴奋又恐惧，为此在唱歌时本能地把上唇拉下来，盖住难看的牙齿，但弄巧成拙，结果洋相百出。表演失败了，她哭得很伤心。

这时候，台下的一位老人走到她身旁，亲切地对她说："孩子，你是很有音乐天分的，我一直在注意你的演唱，知道你想掩饰自己的牙齿。其实，长了这样的牙齿不一定就是丑陋，听众欣赏的是你的歌声，而不是你的牙齿，他们需要的是真实。这牙齿或许还会给你带来好运，你相信不相信？别人可以不相信你会成功，但你一定要相信自己。"

听了老人的鼓励之后，女孩破涕为笑。从此以后她坚定信心，决心忘记自己不好看的牙齿，忘记那些嘲笑自己、不看好自己的人，放下包袱，尽情地歌唱。

放下心理包袱的女孩儿最终显现出了美妙的音域，最后，她成了美国家喻户晓的歌星，不少歌手都纷纷模仿她，学她的样子演唱。这个女孩就是凯丝·达莉。

试想，如果达莉听从他人的建议，人云亦云、亦步亦趋，那么美国历史上就会失去一个影响深远的歌唱家了。

一个最终能够获得成功的人，一定要对自己有信心，即使他人都说你不行，你也要为自己做主，坚持走自己的路，这样才有机会证明自己的选择是没有错的。

不被别人看好，不代表就不会成功；相反，一个成功者更欢迎别人的质疑和否定，这些否定和质疑的声音被他们当作鞭策自己的动力，让自己变得更强大。

一句话安慰

所谓机会，就是别人不看好的时候你去做了；所谓抓住机会，就是做好自己的事，走好自己的路。

怕什么，你要拿出接受批评的气度

有句话叫作没有人会去踢一只死狗。这句话的意思就是，当你被别人攻击、批评或者打压的时候，正说明你是具有实力的。对于没有任何价值的人，是没有人愿意招惹他的。

这句话也向我们昭示了一个非常深刻的道理，那就是：评判并不可怕，对于一个拥有强大心理的人来说，受到的批评越多是越值得高兴的。

曾经有个名叫罗博·霍金斯的年轻人，家境一般，通过半工半读的方式拿到了耶鲁大学的毕业证。

出了校门，他做过作家、伐木工人、家庭教师和成衣店的售货员。这些工作虽然足以让他养家糊口，但都没有令他心理得到满足。为此，他一直努力奋进，毫不松懈，不断为自己树立新的目标。

终于，经过一番刻苦的努力，在30岁那年他迎来了人生的辉煌时刻，成为芝加哥大学校长。

这么年轻就成为一所全美知名大学的校长，这在美国教育界是史无先例的，因此老一辈的教育界人士都纷纷提出质疑，对他的本事和芝加哥大学的前景表示担忧。

教育界对他的质疑和批评就像山崩石落一样打在他的头上，到了后来，甚至各大报纸也加入了战团，纷纷要求芝加哥大学教授会议重新考虑任命的问题。

外界的质疑和批评也影响了霍金斯的心情。在就任后的最初一段时间，他感到非常抑郁，甚至一度想辞职。得知他的内心郁结后，他的父亲找到了他。

听完霍金斯抱怨媒体和同行的批评，父亲抚摸着霍金斯的肩膀说："孩子，他们说你的那些话我也听过了，但我倒没觉得这有什么不好，他们越是批评你不就越说明你有本事吗？对于那些没有本事的人，他们想要别人批评还找不到愿意批评他们的人呢！"

听了父亲的这句话之后，霍金斯恍然大悟，终于摆脱了心中的阴霾，在芝加哥大学校长的位置上做出了一番事业来，最后获得了全社会的认可，包括当初批评和质疑他的人都表示了由衷的敬意。

一只狗越是凶悍，越是容易引起路人的踢打；一件艺术品越是价值连城，越是被很多人盘诘、攻讦。

我们很少见到有人愿意欺负一只死狗，也从未见过有人挑剔小餐馆里的餐盘，为何如此呢？因为它们没有价值，或者不值得挑剔。同样的，一个被他人频繁批评的人，正说明他有价值，值得人去批评他。

我们看到的很多伟人，在他所处的时代其实都曾经被当作箭靶，成为众矢之的。

1789年美国刚刚建国时，在报纸上有一个人经常被人骂。

人们管他叫作"伪君子""独裁者""只比最低劣的杀人犯好一点点""美利坚的罪人"。

国家刚刚建立，百废待兴，百业待举，人们的主要精力都用在了建设上，谁会用这么恶毒的词语攻击他呢？这个人不是卖国贼，不是杀人犯，也不是来自英国的侵略者，而是刚刚带领美利坚人民战胜大英帝国，取得了民族独立的美国第一任总统乔治·华盛顿。

我们今天看乔治·华盛顿，经常把他同那些历史上最伟大的人物联系在一起，说他是"美国之父"、民主的先驱，但是在他就任美国总统之初，批评对于他来说可是远远多于赞美的。甚至有一家报纸还在自己的头版刊登了一幅漫画，漫画中华盛顿正站在断头台前，而刽子手正举起大刀，作势要把他的头砍下来。

面对这些批评、侮辱，甚至人身攻击，华盛顿是怎么做的呢？他没有生气发起反击，反而泰然处之，将其看作是对自己价值的认可。

他曾经和国务卿富兰克林说："正是由于这些攻击者的存在，才让我意识到了自己的重要性。为了这些攻击者，我也要做好自己。"

从这句话我们不难看出，乔治·华盛顿能够成为美利坚合众国的开创者，能成为千千万万美国人心目中的英雄，绝不是偶然的事情，固然因为他取得了不朽的功勋，同时也是他的博大胸怀使然。

我们看到，历史上那些取得过光辉成就的人是从来不怕批评的，因为他们知道，自己就是因为重要，能够使得批评自己的人感到满足，才会有那么多的人来针对自己。

如果有一天你要是被人家"踢"了，为别人的闲言碎语甚至恶毒攻击所困扰，请记住：他们之所以做这种事情，是因为这事能使那些人有一种自以为自己很重要、很正确的感觉，这通常也就意味着你已经超越了他们，而且值得别人关注。

很多人在自己的事业上找不到成就感，于是退而求其次，就去骂那些成绩比他们好、成就比他们高的人，因为这样他们就会得到一种虚伪的替代满足。

当你因为不公正的批评而忧心忡忡时，不妨这样想：这些不公正的批评其实是一种伪装过的恭维，应该感到高兴才是。

一句话安慰

恶意的批评常常是掩饰了的赞美。我们既然无法避免他人恶言批评，只有练习坦然面对。

做事别输在没有主见上

心理学大师马斯洛将人的需要分为五个层次，最低的层次是生活保障，即要吃饱穿暖，而最高的层次就是得到他人的认可与尊重。

每个人都希望得到他人的认可与尊重，期望获得荣誉，因为这些可以令人精神上受到鼓舞。但是，在一个人前进的过程中，刻意乞求得到他人认可的人往往并不是那些最终取得成功的人。

《伊索寓言》里有这样一个故事：

有一天，父子二人赶着驴去集市买东西，走着走着就听到一旁的人小声议论道："快看看那两个傻瓜，他们本可以舒舒服服地骑驴，却自己走路。"听了别人的话，父子二人也意识到了不对，于是父亲赶快让儿子骑上了驴，自己走在前面。

可是没走多远，又遇到一些人说："快看看那个骑驴的儿子，他真是太不孝顺了，让父亲走路，而自己却舒舒服服地骑在驴背上。"听了这话，儿子赶忙下来，让父亲骑上了驴。

这时又有人说道："这个老头子的身体也不错呀，怎么反倒让儿子在下面受累，也不知道心疼孩子。"听了这话，老头子只好让孩子也骑到了驴背上，两个人一起骑驴赶路。

走着走着，又有人说："快看看两个懒骨头吧，他们把可怜的毛驴都快压趴下了。"听了这话，父子两人都从驴背上下来，但又实在不知道如何是好，于是只好选择抬着驴走的方法了。没想到在路过一座桥时，毛驴一挣扎，坠落到河里淹死了。

做事必须要有主见，自己掌握自己的命运，一味追求他人的赞同，无论办什么事你都会觉得无所适从，最后只能是一事无成。

历史上很多原本有先天优势的人，最后落得一败涂地，就是因为太过在意别人的看法，没有主见，最后陷入了父子让驴般的窘境。

三国时代，一方豪强袁绍应该是最有实力成就一番霸业的。他出身豪门，四世三公，家世显赫，门生故吏，遍布天下，再加上长相俊美、行侠仗义、礼贤下士，一时间成为海内人望，为万众瞩目。后来，看不惯董卓专横跋扈，与董卓闹翻，率领十八路诸侯讨伐董卓，开辟了群雄割据的局面。

不过他有个致命的毛病，就是优柔寡断，好猜疑，没有主见。沮授劝他奉迎汉献帝，他也认为这个建议不错，但其他人一番质疑就让他打消了这个念头；刘备来投奔他，他本想将刘备杀掉以绝后患，结果许攸一番劝说他就被搞迷糊了，轻易放跑了刘备。

像袁绍这样连续犯错的人，在群雄并起的时代，如果不被歼灭那简直就是没有天理了。

别人的赞许固然能够使人高兴，别人的意见也经常可以促使我们改进、反省、进步。但是，要知道别人的眼光，尤其是普通的大众，他们的看法一般都是平和的、平庸的，没有建设性的，因此一个人如果过多听取别人的意见，那么他的人生道路也许会因此平坦很多，但想要攀上事业的高峰也就变得不可能了。

很多成功者都是从放弃别人、相信自己开始的。一个有成功潜质的人，在面对不同意见时，总能够用一句话鼓舞自己，那就是：真理往往掌握在少数人的手中，他们相信，自己就是那少数人当中的一个。

有些人本来拥有很好的想法，他们的未来充满希望，但因为总是得不到别人的赞许，就开始变得忧心忡忡、闷闷不乐，慢慢地就开始自我怀疑起来，甚至因此失去信心。

其实，对于这些人来说，如果总是寻求别人的赞许，那就相当于在说：不要相信自己，先听别人的意见如何。照这样发展下去，他们就越来越怀疑自己，越来越容易受到外界的支配。

当别人的意见与你相左的时候，先看一看提意见的人处在什么位置，如果他本身就不够成功，那又有什么能力、水平来教训和劝解你呢？

普通人的理解总是具有滞后性的。成功者需要先培养自我赞许的意识。自我肯定，就是成功的起点，而相信别人、放弃自己，则是很多人失败的开始。

一句话安慰

真正有作为的人是不会跟在别人后面亦步亦趋的，成功需要的是创新、突破。

人生从来都靠自己成全

一个中年失业、求职不顺的男人到微软应聘清洁工。

经过一番测试之后，人事部门决定录用他，并向他要E-mail地址，以便寄发录取通知。不巧，这个人穷得连计算机和邮箱都没有。

在微软看来，一个没有电子邮箱的人是不可思议的，因此人事部门将他拒之门外。

口袋里只有十美元的他失望地离开了微软，到便利商店买了十公斤的马铃薯，然后挨家挨户地转手倒卖。

五年后，他成了亿万富翁，并建立了一个很大的"挨家挨户"的贩售公司，提供只要在自家门口就可以买到新鲜蔬果的服务。

一次，当保险业务员询问其邮箱地址的时候，他再次说自己没有。业务员很惊讶，好心地说："想想看，要是您有了计算机和E-mail，可以做多少事啊！"这个人却回答说："那样的话，我会成为微软的清洁工。"

如果没有微软公司用人的所谓"高标准"，那么这个老板也只能是一个普普通通的清洁工吧。

这样一想，我倒觉得这样的求职被拒也不失为一件极好的事情呢。

曾经在《中国青年报》上看到一个求职失败200多次的人愤而创业的故事。

一出生就患有小脑瘫痪和小儿麻痹症的武汉小伙子何志雄通过刻苦学习，勤奋努力，取得了双学士学位。

初次求职，负责面试的主管很客气地询问何志雄各方面的情况，还表示要把他当作储备人才。这让何志雄增添了不少信心，因为别人至少没有拒绝他。

谁知，有一次何志雄去应聘某著名IT企业，对方很不客气地说："你连话都说不清楚，你觉得我们公司会要你吗？"然后，无视何志雄的解释，对方就把他的简历退回来了。

此后，何志雄更加积极地求职，他发出了200多份求职简历，只获得过近30次面试机会，但还是没有一次成功。

着急的何志雄主动到网吧打工，当了网管，也不过是每天清理网吧的垃圾，毫无前途。

4天后，何志雄拿到了50元报酬，然后他就离职了。然而，就是这4天的打工经历让何志雄明白了，给别人打工对自己来说是行不通的。

后来，何志雄对记者说："我回去想，也许我这样的身体，再加上我受过的教育，可能真的没有别人搭好的舞台给我施展，没有一个公司会要我，我就想，别人不要我，我自己不能放弃。我当不了员工我要当老板。"因此，他决定自己创业，利用自己维修电脑的特长开店。

何志雄租下了社区里最角落的小门面，搬来自己的电脑，加上一些不用的桌椅，一个小型的电脑维修店就开张了。

凭借着良好的信誉，何志雄的创业路从一连7天没有一个顾客上门到开设3家分店，从孤身奋斗到雇请4名员工，他走得既艰辛又有成效。

在就业形势日趋紧张的今天，求职处处碰壁可以说是常态。大学毕业生，尤其是残疾学生，如何在职场突围，这是一个很大的难题。

突围不得的我们怎么办呢？虽然没有经验，创业又很艰难，可是，也许创业这条路是无奈中的最后选择。或许这种利用自己的特长"转而行之"的做法也有一线生机呢。

我的侄女惜晨通过了一家公司面试，而其笔试时的文案更是得到了面试主管的好评。

惜晨以为自己这次志在必得，可以结束自己的"拒无霸"生涯。谁知，因为没有英语六级证书，那家公司还是委婉地把她拒之门外。

她因为这次被拒，很是沮丧。她回想起自己走过的求职岁月，怀疑是不是没有英语六级证书，自己就再也找不到工作了……经过深刻的反思，她决定坚强地迈出第一步——自己创业，在社会这个大浪潮中搏击一下。

于是，她和朋友放弃了求职梦想，脚踏实地走上了创业之路，在大学城开起了特色小吃店。我观察了一段时间，发现小吃店的生意还是不错的。看来她的选择是很明智的。

在求职被拒后，我们要知道这些挫折并不意味着世上所有的路都被堵死了，而是你能不能像那个差点儿成为微软清洁工的求职者一样，勇于正视自己的短处，找准自己的定位，努力发挥所长。

你可以没有电子信箱，如果你有非凡的捕捉商机的头脑的话；你也可以没有英语六级证书，或者没有良好的口才，或者没有丰富的专业知识，又或者没有健康的体魄，但你身上一定要拥有一些连自己也没意识到的特长。找到它们，把求职受挫化为动力，给自己创造一个展示自己的舞台吧。

一句话安慰

　　大多数人的体内都潜伏着巨大的才能，但这种潜能酣睡着，一旦被激发，便能做出惊人的事业！

你注定是凡人，但坚决别做庸人

女作家龙应台有一篇文章叫《幸福》，令我感触颇多。她说："幸福就是，生活中不必时时恐惧；幸福就是，寻常的日子依旧；幸福就是，寻常的人儿依旧；幸福就是，人能够最大限度地过自己的日子。"

这个幸福的定义，在哲学家看来是多么浅薄，但是，我认为这才是最真实的幸福。

与对幸福的理解一样，对于一个人来说，事业、学业、财富，所谓的成功有太多种考量，而真正关键的成功就莫过于做好自己了。

我讲做自己，并不是要你故步自封、抱残守缺，而是要做最好的自己，发挥自己的特长，挖掘自己的潜力，长成自己本来的样子，成就属于自己的事业。

由于很多原因，人与人之间是不可能完全平等的。有非常杰出的人，也有非常平凡的人；有参天的大树，也有柔弱的小草。你想成为令人仰望的大树，但如果命运多舛、时运不佳、天意弄人，只给了你做小草的机会，那么你是选择为做不成大树而消沉呢？还是努力用小草的身份创造一番奇迹呢？

二十年前，一个男孩从一个仅有二十多万人口的北方城镇考进了北京的一所大学。上学的第一天，邻桌的女同学第一句话就问他："你从哪来的？"而这个问题正是他最忌讳的，因为在他的逻辑里，出生于小城，就意味着小家子气，没见过世面，肯定被那些来自大城市的同学瞧不起。

就因为这个女同学的问话，他一个学期都不敢和同班的女同学说话，以致一个学期结束的时候，很多同班的女同学都不认识他！很长一段时间，自卑的阴影都占据着他的心灵。比如每次同学之间合影拍照，他都要下意识地戴上一个大墨镜，以掩饰自己惶恐自卑的内心。

二十年前，一个女孩也在北京的一所大学里读书。大部分日子，她也都在郁闷、害怕、自卑中度过。她疑心同学们在暗地里嘲笑她，嫌她肥胖的样子太难看。她不敢穿裙子，不敢上体育课。

大学结束的时候，她差点儿毕不了业，不是因为功课太差，而是因为她不敢参加体育长跑测试。老师说："只要你跑了，不管多慢，都算你及格。"可她就是不跑。她想跟老师解释，她不是在抗拒，而是因为恐慌，害怕自己肥胖的身体跑起步来显得愚笨，害怕遭到同学们的嘲笑。可是，她连向老师解释的勇气也没有，茫然不知所措，只能傻乎乎地跟着老师走。老师回家做饭去了，她也跟着。最后老师烦了，勉强算她及格。

若干年后，在一个电视节目上他们两个人相遇了，已经成年的女人对男人说："要是那时候我们是同学，可能是永远不会说话的两个人。你会认为，人家是北京城里的姑娘，怎么会瞧得起我呢？而我则会想，人家长得那么帅，怎么会看得上我呢？"

那个男人现在是中央电视台著名节目主持人，经常对着全国电视观众侃侃而谈，他主持节目给人印象最深的就是从容自信。他的名字叫白岩松。

那个女人现在也是中央电视台著名节目主持人，而且是完全依靠才气走上中央电视台主持人岗位的。她的名字叫张越。

这就是没有花香没有树高的小草们创造的奇迹。

这两个著名主持人的故事向我们昭示着这样一个道理，那就是无论你多么普通卑微，只要不自怨自艾，勇敢地做自己，你也是可以成为参天大树的。

这个世界上成功的道路有很多，那些人，一生下来就含着金钥匙，可以比别人少奋斗几十年，先天就具有优势；有的人长相好，人见人爱车见车载，做什么事都有人帮忙；有的人天生就有领袖的气场，总能吸引别人的跟随、追捧；有些人天生好运，同样的事他做起来就如有神助。

这些你也许都没有，你只是一个普通的不能再普通的人，被各种好运拒绝，不过请放心，上天还是给你留了一条成功的道路，那就是努力做自己，用坚强的意志和拼搏的精神获得成功。

含着金钥匙出生的人可能会坐吃山空，长相好的人抵不过岁月的流逝，气场再好也需要真本事做底气，运气并不会永远站在一个人的背后，唯有努力拼搏出来的成就是最实在的，也是最能让人心安的。

一句话安慰

即使你再平凡，也不要觉得自己是被命运抛弃的人，这个世界上没有永远被成功拒绝的人，只有自己拒绝成长的人。

不断被否定，你才成长为现在的自己

凡是想按自己的样子成长的人，总不免被别人误解、质疑、否定。在别人的否定中，有些人选择了沉沦，有些人则选择了坚守。

选择沉沦的人很可能就平庸下去，而选择接受否定、坚持自我的人，则在否定中锻炼了意志，找寻到属于自己的成长路径。

人生本应该是一个不断寻找自我的过程。很多人在年轻的时候都拥有很美好的理想，但因为种种原因，总有人不断掉队、迷失。只有那些不断修正、不断重新发现自己的人，才能够成为真正的强者。

否定，是压力，也是动力。它在让人沉沦的同时，也能让人更加清醒。所以说，一个人在迈向成功的过程中，是需要否定和自我否定的。

自我否定的目的是让人变得更加坚强。

网上有一篇流传很广的文章叫作《鹰的重生》：鹰是世界上寿命最长的鸟类，它一生的年龄可达 70 岁。要活那么长的寿命，它在"中年"的时候必须做出一项困难的决定。这时，它的喙变得又长又弯，几乎碰到胸脯；它的爪子开始老化，无法有效地捕捉猎物；它的羽毛长得又浓又厚，翅膀变得十分沉重，使得飞翔十分吃力。此时的鹰只有两种选择：要么等死，要么蜕变。

蜕变是一个极其痛苦的过程，鹰首先用它的喙击打岩石，直到其完全脱落，然后用新长出的喙把爪子上老化的趾甲一根一根拔掉，当新的趾甲长出来后，鹰便用新的趾甲把身上的羽毛一根一根拔掉，以便新的羽毛可以长出来，供其再次翱翔。

第一次读到这篇文章，我感到深深的震撼：鹰为了能再一次翱翔，不惜将其自己原本引以为豪的利爪一根根拔掉，哪怕鲜血一滴滴洒落，这需要多么大的决心和毅力。

这是一次全面的自我否定，是一次涅槃，是对于美好事物或者说再次重生的勇敢而无畏的追求，但同时也是将其引入成功道路上必须经历的痛苦。

进行自我否定是为了找到正确的方向、涅槃重生，而接受他人的否定则是为了锻炼意志、坚定信心。

作为华尔街职位最高的女人，花旗集团财富管理业务部主席兼执行总裁克劳切特女士可谓风光无限，但很少有人知道，能走到今天这一步，她经受了多少质疑、非议和否定，正是这些否定让克劳切特一天比一天坚强，让原本柔弱的女孩变成了华尔街的"铁玫瑰"。

克劳切特曾经这样形容自己的童年：

"在学校里，我长着雀斑、穿背带裤和矫正鞋，还戴眼镜。我有一半犹太血统、一半盎格鲁—撒克逊人血统，尝尽了被人排挤的滋味。

"在入选球队时即便我不是最后一个，也一定是倒数第二个。在我的记忆中，有许多令人心碎的回忆。

"一次，我终于踢到了球，兴奋地跑着，可是眼镜掉了，不得不回头去找。

"我经常遭到同学的取笑，学习成绩、长相、声音、个头，任何东西都可能成为他们嘲笑我的对象。"

在最初面对他人的否定时,克莱切特的母亲给了她一些教导和安慰。母亲对她说:"不要在意那些同学们的取笑,她们都是一些爱唱反调的人,她们只会坐在旁边,对那些付出努力的人指手画脚。"

母亲的话对克劳切特起到了很大作用,她开始变得自信了,成绩也比以前好了。

在离开学校之后,克劳切特决心做一名研究分析师。

1994年,她向华尔街上几乎所有的公司投出了简历,但没有一家公司肯录用她。

克劳切特说:"美邦拒绝了我两次。他们不确定我有没有收到拒绝信,所以发了两次。最后我明白了,他们不会再回信了,我对此非常灰心。不过这种低沉的情绪只持续了很短的时间,很快我就重新燃起了信心,而且这次我也明白了一个道理,那就是如果想要成功,你就要坦然面对别人的否定。"

克劳切特牢牢地记下了这些公司的名字——所罗门兄弟、高盛、美林、摩根士丹利、美邦银行。

她决定要用实力向他们证明自己可以,最后她的确做到了,她让这些公司刮目相看,为自己当年的短视而后悔。

现在成为领导者的克劳切特仍然注意他人的否定对自己的意义,她说:"当下属们偶尔迁怒于我、否定我、和我作对时,我都能坦然面对。因为我明白,当我与下属们的观点不一样时,他们总会对我说'你疯了,你错了',他们会攻击我,在会议上和我争论,在背后说我的坏话。但这一切都是非常正常的,因为没有他人的否定意见,所有决定都由一个人来做的话,那么我是肯定会翻跟头的。"

克劳切特是一个聪明的女人，可以说正是这种睿智地面对否定的态度才成就了今天的她。

其实成功就像是把一块石膏做成雕塑，需要不断地修正才能最终得到你想要的形状。

无论是他人的否定还是自我否定，都是修正的一股动力。只有不断地接受否定，反思自己，你才能够取得最后的成功。

一句话安慰

没有一个成功者是没有被否定过的，正是在否定中不断成长，他们才成就了最终的自己。

逆反心理也有正效应

每一个烟盒上都写着这样一句话——"吸烟有害健康"，但是吸烟的人却是源源不断。为什么人人都知道吸烟的危害，偏偏还要不顾后果地去吸烟呢？

我们对于明令禁止的东西总是充满了好奇。"不要动这个杯子""不要看这样的书""不要和那个人太亲近"……这些禁令被强调的次数越多，我们越想探究它们到底有什么秘密。这就是人们的逆反心理——越是严加禁止，越是摆出权威的姿态，所产生的逆反心理就越强。

希腊神话里，宙斯为了降灾于人间，就命火神制成了美女潘多拉，并送她一个盒子做嫁妆，一再告诫她"绝对不要打开"。

潘多拉来到人间后，对神秘的事物充满了好奇，就忍不住打开了盒子，结果里面的疾病、疯狂、罪恶、嫉妒等祸患一齐飞向世间。

按照心理学的解释，人一旦收到禁令，就会产生被束缚、失去自由，甚至不安的感觉。为了突破这种困境，人必然要受到遵循以快乐为原则的"本我"的控制，采取各种方式恢复自己失去的自由。于是，有些事情，越是被社会的规范所不容，人们就越想尝试；越是被明令禁止，人们越是向往不已。

一个孩子在屋子里面打篮球，父亲威胁他说："你要是敢把花瓶碰碎，你就要受到惩罚。"父亲一转身，花瓶就被篮球打碎了。

历史上的一些禁书，越是受到严厉的查封，越是被人们争相传阅，甚至传抄，结果这些禁书反而成了畅销书，越禁越畅销，怎么也禁不了，比如《红楼梦》《洛丽塔》，人们总想知道里面到底有什么不能看的。

一个仅有很少高层参与的会议结束了，偷偷询问会议内容的人比比皆是，因为他们都很好奇，有什么事情是严禁自己知道的呢？

一对恋人的结合遭受到了双方父母的反对，虽然两人并没有那么相爱，但是家人越是反对，这对恋人越是团结一心，坚持要在一起。

知道了人们的逆反心理，那么要达成肯定性的成果，有时候正面的劝说和诱导是没有作用的，而否定的禁令却可以实现我们的目的。

当年，法国农学家安瑞·帕尔曼切准备将土豆引进本国种植，但却遭到了全面抵制。

无论他怎么说明土豆的好处，仍然没有人相信。后来，他在一块闲置的土地上种土豆，并要求国王在白天派兵严密驻守。

这一神秘举动自然引起了人们的好奇心，结果当晚，当士兵撤离后，人们成群结队地来偷挖土豆，并拿回家悉心照料。很快，家家户户都种上了土豆。

否定和禁令总是能起到意想不到的正面效果。一家餐馆门口摆了一个大酒缸，上面写着几个引人注目的大字："不准偷看！"很多人会禁不住诱惑，停下脚步去看缸里到底有什么。缸里有什么？有的是一张新酒的诱人宣传单。

除此之外，很多商场或者小吃店也会悬挂上"某商品已经售完""今日已经售完"的标牌。这其实也是在激发客户的购买欲望。

世界上的事情就是这样，如果你想让某人做成某事，那你只要禁止他去做就够了。如果你想别人做不成某事，有时候"赞成"的意见也会帮你达成目的。

一句话安慰

心态不同，看到的世界就不同；看到的世界不同，感受就不一样。

把不被认可当作前进的动力

我们生活在一个多元的社会里，无论做什么事，都或多或少会有不同的目光向我们投射过来。这些目光中自然有赞许、肯定的，但也不乏轻视、质疑、否定的。对于他人的赞许我们自然会感到很舒服，对于他人的轻视我们自然会感到难过，甚至愤恨，但我们应该狠狠地还击对方吗？如果不是的话，那么我们应该如何面对轻视呢？

由于出身贫寒，加上没有受过正规的大学教育，在20世纪二三十年代众星云集的中国文化界，沈从文开始并不为人们所看好，甚至有些人抱着一种看笑话的心态来面对他，对他极尽挖苦之能事。比如著名国学大师刘文典就曾经当面奚落他："在西南联合大学里面，陈寅恪是真教授，应该拿四百块月薪，我刘文典应该拿四十块，那个写新诗的朱自清最多也就拿四块，你沈从文嘛，我看连四毛钱都不值！"

面对轻视，沈先生并不以为意，依然把全部精力放在对白话文的研究和新小说的写作上，经过不懈的努力，终于形成了独特的风格，还因此获得较高的国际声誉。如果不是先生早逝，那么中国第一个获得诺贝尔文学奖的人就非他莫属了。

轻视真是无处不在，无时不在。行业前辈对晚辈、经验丰富的对没有经验的、富人对穷人、城里人对乡下人、开汽车的对踩三轮的，等等。被人轻视的事我们随时可以遇到。

为何成功者总要经历磨难呢？那是因为，在成功的道路上总要遇到这样那样的问题，轻视、否定、打击、折磨也是无处不在。它们存在的意义就是教会你如何面对后面的问题，这就像一个水手，在他还未出海的时候，老水手总要在近海让他吃尽苦头，这样才能够保证他经得起海上更大的风浪洗礼。

被他人轻视并不可怕，关键是自己不能轻视自己，只要对自己有信心，有坚定的意志和吃苦耐劳的精神，那么别人的轻视不会成为我们的负担，甚至可以成为我们前进的动力。

战国时期的苏秦，求学为同窗所轻视、出游为各国君主所轻视、回家又被哥哥、嫂子所轻视，但正是在这种轻视中，他更加发奋图强，终于成为一代名相，身挂六国相印，纵横天下。

在20世纪初的美国，种族主义还非常泛滥，尤其是在一些和政府有关的机构，比如说军队，还是相当排斥黑人的。当时，在亚利桑那州，有一位名叫布兰布尔的黑人，梦想自己成为一名"蛙人"，也就是海军潜水员，但是这在当时几乎是一个不可能实现的梦想。

当时的美国海军中确实已经有不少黑人士兵，但这些黑人士兵大多从事的是勤务兵和厨师的工作，几乎没有人能够被分配到作战岗位上，更不用说技术要求非常高的潜水员了。

但布兰布尔就是不信邪，他偷偷苦练游泳技巧，相信自己一定能够成为潜水员。一天下午，天气炎热，让人感觉像待在蒸笼里一样难受。白人士兵纷纷跳下船去，把自己泡在海水里，又能练习游泳，又能消暑。

透过厨房的窗户，布兰布尔看到了这一切。突然，他扔下手里的铲勺，跑上甲板，箭鱼一样跳进海里，迅速地向远方游去。

在训练泳道中，他游泳的速度比最优秀的白人士兵快了整整三分钟。然而，当布兰布尔游回来时，迎接他的不是掌声和表扬，而是三天禁闭。当教官要他检讨时，他坚定地说："不！我要当一名真正的潜水员！"教官耸耸肩说："厨子，别做梦啦！美国的潜水员，迄今为止，没有一个黑人！"

在上司那里得不到认可，布兰布尔开始求助于他人。他写了几千封申请书，要求去新泽西州的潜水员学校，而不是待在厨房。终于，他的执着感动了一位善良的教官。

教官以私人名义写了一封推荐信，恳请那里的校长接纳这个优秀的黑人士兵。可是，有着严重种族歧视思想的校长表面上收下了布兰布尔，私下里却打定主意：绝不让他当上潜水员！

第一次理论考试，没有接受过完整教育的布兰布尔只考了十几分。校长警告他说，下次再不及格就要滚蛋！

周末，其他士兵开车去镇上喝酒、狂欢，而布兰布尔则以打扫卫生作为交换条件，请求图书馆管理员允许他48小时待在这里自习。就这样，第二次考试他得了62分，虽说还不是很理想，但至少保证他可以留下来了。

在潜水课上，白人士兵潜水的时间是三分钟，可校长故意将他的时间延长，并戏谑地说：黑小子若能活着上来，我的头发就要白了。结果，他在海水里潜了足足五分钟，安然无恙。

就是在这样的轻视和刁难下，布兰布尔依然坚持了下来，并因此让自己的技术和意志得到了提升和锻炼。

在一次模拟演练中，一名士兵由于操作失误，在深海中被绊住了。

一直在海面等待的教练心急如焚，但又束手无策，其他战友也只能在一旁默默帮他祈祷。只见布兰布尔换上了一套新的潜水设备，猛地跳下了水，去营救那名战友。

时间就这么分分秒秒地过去了，在等待了三个多小时后，筋疲力尽的布兰布尔拽着奄奄一息的战友浮出了水面。

看着虚弱不堪、冷得瑟瑟发抖的布兰布尔，战友们发出了经久不息的掌声和欢呼声。

在此后的训练里，轻视和刁难没有了，布兰布尔用实际行动赢得了战友们的认可。一年后，他以优异的成绩毕业了，正式成为美国海军的第一名黑人潜水员。

生活中，我们常常会遇到他人的轻视。弱者，只会徒劳地愤恨，喋喋不休地发牢骚；而强者，却能将轻视转化成一股奋进的动力，鞭策自己，努力、努力、再努力，最终战胜困难、证明自己。

一句话安慰

凡事都会有人说三道四，把心态放平，做最好的自己才是关键。

你没必要为别人的话负责

网友将但丁的名言"走自己的路，让别人说去吧"改成了"走自己的路，让别人打车去吧"。这句话博得了很多人的会心一笑，但如果深究的话，你会发现这里面还是蕴含着一番现代哲理的。

马拉松比赛中常有这种情况发生：一开始就冲在前面的运动员，到最后抵达终点的时候往往成绩不够理想。究其原因就是没有安排好体能分配，开始的时候，体能消耗得太多，到了下半场，体能消耗太大，继之乏力，速度自然就慢下来了。

其实人的一生也和马拉松比赛类似，都是一个漫长的过程。在这个漫长的过程中，每个人都应该有自己的节奏，如果一味地跟着别人的步伐，开始时猛冲猛打，但是后来力不从心，那么最后往往会输得很惨。而那些能够坚定不移地按自己的节奏前行的人，不管旁人是徐行还是飞奔，都能不为所动，往往最后能够取得成功。

现在刚毕业的大学生跳槽率非常高，张建所在的单位也不例外。和张建一起被单位录用的一共有二十几个人，过了半年时间，已经走掉一半了。

这些离职的同事有些是觉得单位的待遇差，有些是有了更好的去向。

对于他们的离开，张建没有受到任何影响，对工作依然保有热情。

又过了三个月，剩下的人又走了一多半，只剩下张建等三个人。因为在一起的时间长了，三个人也越来越熟了。

有一天喝酒，一位同事劝张建和另一个同事一起辞职，跳槽到别的企业。对于同事的这一邀请，张建没有同意，说自己觉得现在的工作挺好的，没有离开的想法。

听他这么说，已经被劝说离开的同事嘲笑他胆子小，说外面的机会有的是，老窝在一个地方是不可能有进步的。

无论这两个同事怎么劝说，张建就是不答应。最后，这两个同事在劝说无效之后自顾自地跳槽，奔着更好的前程去了。

过了半年，由于张建一直表现良好，被公司提升为部门经理，不但职位提高了，工资也涨了近三倍，再看当初劝他离开的那两个同事，则依然在"更好的机会"面前跳来跳去。

张建的成功在于他的坚持，时间是坚持者最好的伙伴。

试想，如果张建当初没有坚持留下来，而是选择和那两个同事一样跳槽，那么后来的结果恐怕也和那两人没什么区别了。

如果你没有打车的实力，硬要去学别人"打车"，那么终将还是会被甩下车来的。与其这样，还不如安安稳稳地走自己的路，虽然慢，但起码不会出错。而且很多例子也向我们证明，如果能够安安稳稳地走自己的路，其最后结果往往要比那些"打车"的走得还要远。

龟兔赛跑这个故事我们都熟悉：骄傲的兔子嘲笑乌龟的步子爬得慢，于是在"轻松"的比赛中随意地打了个盹儿，等等乌龟，没想到乌龟拼命地爬，一刻都不停止，反而先到达了终点。

这个故事的寓意很简单，但又很深刻，只要不怕慢，坚持做自己，最终的结果都是不会差的。

出于对这个故事的钟爱，很多著名的企业都将坚持企业发展方针、坚决不迈大步、以时间累计效益的做法奉为市场竞争的不二法则——人们称之为乌龟战略。

拥有世界最著名运动服装品牌的德国的阿迪达斯公司就是一家以奉行乌龟战略著称的企业。

阿迪达斯公司的创始人阿道夫·达斯勒先生是一位拥有运动员身份和鞋匠技术的德国人。在告别运动员生涯之后，达斯勒先生萌生了做运动鞋的想法，1920年在纽伦堡市附近的赫佐格奥拉赫小镇上，他建立起了自己的制鞋作坊。

因为他能充分把握运动员的需要，又有精巧的手艺和发明天才，因此一开始就将自己的作坊定位在"生产最合脚的鞋子"上面。这一定位让他生产的鞋子得到了大众的普遍欢迎，很快就为他带来了丰厚的利润。但是好景不长，随着机械化革命时代的到来，越来越多的制鞋企业开始走上批量生产的道路。

与批量生产的工厂相比，达斯勒的作坊在效率和价格上都处于明显的劣势。有人劝他也购买生产线。

对于这样的劝解，达斯勒一口回绝了，因为他并没有忘记自己的制鞋理念，继续靠手工制作。

没过几年，因为产品质量、价格战等原因，靠机械制鞋的工厂一家一家地倒闭，而达斯勒的作坊则因为质量好、顾客固定而活了下来。尝到了缓慢发展好处的他在以后的岁月里，更加坚定了小步扎实的发展战略，最终成就了阿迪达斯今天的宏图霸业。

走自己的路是一种人生姿态。我们可以在乎别人的看法，但如果太在乎了，因为别人的看法而否定自己的步伐，那可就太没有主见了。

一个成功的人一定是一个有主见的人，一个有着"走自己的路，让别人打车去吧"的心态的人。

一句话安慰

有主见，才会有思想；有思想才会有思路；有思路才会有出路。

相信自己的眼光，就会有人为你侧目

当哥白尼说地球围绕太阳转动时，人们说他疯了；当哥伦布宣布找到了一块新的大陆时，人们说他疯了；当莱特兄弟要发明一种东西飞上天空时，人们说他们疯了……这个世界上总有被人称作是疯子的人，但那些伟大的奇迹也往往是由这些疯子创造的。

成功是属于少数人的游戏，而在多数人的眼里，那些特立独行的人都是不折不扣的疯子，但也正因为他们与众不同的"疯"，才让他们创造了与众不同的成绩。

如果成功者也和普通人一样，那他们早就泯然众人了。

休斯电气公司是著名的世界五百强企业。能够取得如此瞩目的成绩，这与其创始人休斯先生的大胆是离不开的。

作为一家以创新和技术为精髓的公司，其创始人休斯先生居然并非一个理工科学生。

休斯先生毕业于美国明尼苏达州大学的新闻系，在毕业之后，休斯到一家报社当记者，工资虽然不高，但也可以生活。

20世纪初，随着第二次工业革命的到来，美国电力工业也得到了飞速的发展。面对凶猛来袭的科技浪潮，对电器一窍不通的休斯决定辞职，在电器方面搞发明，以此来创业。

发明对于专家来说都不是一件说做就能做的事，更别说对于一个门外汉了。不出意料，休斯的这一决定引来了家人、朋友、同事一致的质疑和嘲笑，被认为一定是"疯"了。

面对嘲讽，休斯不为所动，他从电器的基础知识开始学起，很快就掌握了电器领域里面的精髓。

一次，休斯到朋友家去做客，菜是在煤油炉上炒出来的，朋友不小心把一滴煤油掉进菜里，菜的味道很难闻。这激发了休斯的灵感，休斯想到如果他能够发明一种"通电"的炉子，不就可以避免把煤油弄到菜里了吗？

有了方向又有专业知识，休斯就开始潜心研究他心目中"通电"的炉子。

历经4年的失败与探索，休斯终于研制出世界上第一个电炉。电炉本身的优点，再加上休斯的大力宣传，使之迅速走进了美国的千家万户。

一个与众不同的想法、举动，在没有获得成功之前总是会被很多人质疑的。有此遭遇，不要怕被普通人排斥正是你成为成功者的标志。一个成功者必须是坚定的，而一个坚定的人是绝对不会因为被普通人拒绝和质疑而情绪消沉、自我怀疑的。

美国联邦快递历史上最著名的管理者弗雷德·史密斯，在其对联邦快递进行改革的时候，也曾经遭受过多方面的质疑，他的很多改革方案刚刚出台还没有实施，讽刺、诅咒、嘲笑就扑面而来。他被人嘲笑过的改革方案足足可以列一条长长的清单，而这清单上最著名的就莫过于用飞机运快递了。

为解决快递时间长、安全性低的问题，20世纪70年代，史密斯果断提出用飞机来运送快递的设想，但这一设想一经公布就广受质疑。

业界人士一致认为史密斯的想法太过疯狂。因为当时飞机的飞行成本比较高，一般只用在军用和民航上，几乎没有人干这种得不偿失的货运。但史密斯不但做了，而且还越做越好。

在经过初期两年的亏损之后，史密斯的客户们终于享受到了飞机运输带来的好处，因此他手中的货源不断增加，而货源的增加也使得单件运送货物的成本不断下降。

在这样的良性循环下，联邦快递取得了长足的进步，很快就超越同行，成为占世界运输市场份额第一位的国际性运输集团。

世人领略到了史密斯疯狂背后那超越众人的远见和胆量。

无独有偶，本田公司的创始人本田宗一郎在早期也曾经被人看作是"疯子"。

在大学学习期间，本田宗一郎就对机械非常感兴趣。经过不断地研究，他发现汽车上的活塞环其实完全可以做成可装卸的活部件。这一构想被当时的机械师认为是不可理喻的。

得不到他人的支持，本田宗一郎就自己研究。

1938年，刚刚毕业的他变卖了一切家当，全身心地研制品质优良的汽车活塞环。经过几个月夜以继日的工作，终于制出了样品。当样品问世之后，丰田公司很快就和他签订了购买合同。

通过不懈的努力，本田宗一郎掘到了第一桶金，而当初那些嘲笑他的人此时除了羡慕，就是羞愧、嫉妒了。

凡是有志做一番事业的人，总是难免遭受到普通人的质疑。面对质疑，有些人选择了妥协、打退堂鼓，最终成功也自然和他们无缘；

另一些人则选择了无视，坚持做自己认为对的事情，这些人成了最后的成功者。

上天想要你成功，不光会给你制造失败和挫折，还会让你体验孤独、沮丧、折磨。只有经受过痛苦考验的人，上天才认为你有获得最后成功的资格。

因此你不要害怕别人的质疑，要记住当别人开始说你是疯子的时候，你离成功也就不远了。

一句话安慰

只有坚持自己的目标与信念，才会用尽全力去实现它，成就自己的事业。

弱者在质疑中颓败，强者在质疑中突破

2008年前后，北大才子陈生在广州抄起屠刀当屠夫的新闻一度传遍大江南北，并引发了人们对此是否浪费人才的大讨论。

北大是全国最著名的高等学府之一，也是为社会培育精英的摇篮，因此在看到陈生卖肉的新闻之后，不少人不免发出了"浪费人才"的感慨，有些人对陈生的选择感到可惜，有些人则提出了自己的质疑。

当时有人说他这是炒作，想要靠这个吸引大家眼球罢了；也有人说他卖猪肉成功的同时，让一大批没有受过多少教育的卖猪肉的小贩又少了很多生意，而且猪肉也不是什么稀罕东西，他从事这种工作即使成功了也没有什么值得敬佩的；甚至还有人抱着看热闹的心态，赌他能坚持多久。

这汹涌而来的质疑给陈生带来的心理压力可想而知，但是他并没有在这片质疑声中退却，而是选择了坚持。质疑的声音让他越来越顽强，更坚定了要把自己的猪肉事业做出一番新天地来。

现在事情过去几年了，让我们看一看陈生的成就：他在广州开设了近100家猪肉连锁店，年营业额达到2亿元，被人称为广州"猪肉大王"。

在人们的潜意识中，进入好的大学，头上便有了道耀眼的光环；从

北大毕业后，不是将来的精英便是日后的领导。那么自然，当陈生选择以"低下"的卖肉为工作时，质疑声就必然会纷至沓来。

面对这些质疑，陈生该如何应对呢？他向大众递交了一份满意的答卷：忽略它们，努力把工作做好，用行动来回击质疑，这是最好的方法。

行业是没有贵贱之分的，有的只是成功者与失败者。对于所有行业的成功者来说，他们的身上大多都有着陈生一样的执拗性格，不理旁人的质疑，低头做自己的事。

古今中外有多少有志之士就是倒在了别人的质疑声中，而那些抵抗得住质疑，坚持到最后的，往往就是那些获得他人瞩目的人。

1975年，美国马萨诸塞州的哈佛大学，一个羞涩的男生递交了自己的退学申请，因为他想要完成自己的一个大胆构想。

他的这一行为令很多人不解，哈佛是这个世界上最著名的高等院校，拥有一张那里的毕业证书无疑是给自己的人生上了一份保险，而选择退学，在很多人看来实在是一件疯狂的举动。

大家纷纷预言这个男生一定会后悔莫及的。

对于旁人的质疑或善意的劝告，这个羞涩的男生却表现出了执拗的一面。他没有搭理任何声音，而是将自己整天关在车库里，专心致志地做着自己的研究。

经过几周的潜心努力，他终于取得了重要成果。他的研究成果一经问世，就引来全世界的关注。在它的引领下，计算机科技登上了一个新的历史高峰。

这个羞涩的男生也因此名声大噪，他的事业也从此步入辉煌。

这个男生就是比尔·盖茨。

在比尔·盖茨的奋斗生涯中，不知道遭受了多少来自各方面的质疑声，但他却从未被这些"噪音"所影响。从他从哈佛大学退学的那一刻起，他就下决心只按照自己的方式去努力，最后他成功了。

想成就一番事业就要做好被他人质疑的心理准备，这是每一个有志之士必须认识到的。

在当今社会，人与人之间的竞争异常激烈，人们总是提起的"创业艰辛"并不是一句空话。对于很多人来说，都是受不了这份艰辛才最后退出成功行列的。

从卖肉的北大学子，到退学的哈佛高才生，陈生和比尔·盖茨用他们的实际经历告诉我们，要想成就一番事业，就必须承受得住来自社会的质疑，不能向质疑低头，要打消心中的疑虑，化质疑为动力，努力坚持到胜利到来的时刻。

一个只有不断战胜自己，不断用成功回击社会质疑的人，才是真正的强者，也才能得到社会真正的尊重。

从天之骄子到卖肉的屠夫是一个过程，从卖肉的屠夫到连锁集团的老总，这又是一个过程。在这个过程中，我们可以找出一条曲线，这条曲线的前半段是质疑和低谷，后半段是掌声和成功。

人生就是这样一条不断发展的曲线，只不过成功者是类似陈生这样的，而失败者则是完全相反的。

从被质疑到被肯定，陈生卖肉留给我们的不仅仅是一条新闻，更重要的是这个新闻背后带给我们的启示！

一句话安慰

不要太在意别人的评说，否则你会迷乱；不要太在意别人的抱怨，否则你会烦乱；不要太在意别人的看法，否则你会活得太累。

第 3 章

CHAPTER THREE

拥抱磨难：

忍受了多少打击，就能收获多少成功

磨难本身并不可怕，可怕的是没有勇气去拥抱磨难。

失败往往能塑造出你的谦卑个性，

打击往往能令你坚强，

挫折往往能让你找到不一样的思路。

经过风浪洗礼，才能踏上成功彼岸

作家冰心在其作品《繁星》里曾经说过：成功的花，人们只惊慕她现时的明艳，然而当初它的芽儿，浸透了奋斗的泪泉，洒遍了牺牲的血雨。

是啊，对于成功者来说，普通人看到的总是他们光彩照人的一面，但他们的另一面埋藏了多少艰难困苦，有谁知道呢？

这就像一个水手，人们看到的是他蹈海的勇气，但却未见其手心中的老茧。一条船，人们看到的是它乘风破浪的壮举，却没有看到它曾经受过的重创。

有这样一条船，作为船它的历史已成过去，但作为精神，它的经历应该永远被我们铭记。

19世纪，英国劳埃德保险公司买下一条退役了的船，他们买这条船不是因为它的名气或者还有利用价值，而是基于它不可思议的经历。

这艘船自从1894年下水直到退役，在往返欧洲大陆和美国的大西洋航线上，总共撞冰山138次，触礁116次，发生火灾13次，被风暴折断主桅杆207次，但是经受过如此多打击的它却从来没有沉没过。

19世纪80年代，这艘船已经被保存进了博物馆，然而一位律师的到来再次让它名扬天下。

在参观这艘船的前一天，这位律师刚刚打输了一场官司，委托人因为败诉自杀了。尽管他以前也有过失败的辩护，而且也不是第一次遭遇当事人因败诉而自杀的事件，但是遇到这样的事，他还是会有一种负罪感。

在他的委托人里面，有的被骗得血本无归，有的被罚得倾家荡产，有的因输了官司而落得债务缠身。在他看来这些全是由于自己的无能，他真不知道该如何安慰那些"因为他"而蒙受了巨大痛苦的人们。

但当他看到了这艘船后，他忽然想到，为什么不让那些败诉的委托人来参观这艘船呢？看看这艘遭遇了无数次打击却依然坚强着不肯沉没的船，这不就是最好的精神象征吗？

于是他赶紧把这艘船的故事抄录了下来，连同这艘船的照片一起挂在了他的律师事务所里。

从此以后，每当委托人找到他时，无论有无获胜把握，他都先建议他们去看一看这艘船。

非常神奇，自从他挂出这幅画之后，他的委托人里面再也没有因为想不开而自杀的事情发生了。

1987年全球经济陷入低迷，所有英国人的心头都笼罩着一层沉闷的阴云，为此《泰晤士报》专门派报道组拍摄了这艘船的纪录片。纪录片一经播出，就成为当年英国收视率最高的节目。

吸引人们观看的原因不是这艘船的光辉历史，而是它身上的累累伤痕，因为这些伤痕告诉人们，在大海上航行的船没有不带伤的。

在生活中拼搏的人们，受到伤害是非常自然的事。对于那些被失败打击的人，重要的不是纠缠于这些失败，而是应该尽快振作起来，想办法摆脱过去的阴影和痛楚，如此才能以最坚强的姿态重新搏击风雨。

著名科学家居里夫人曾经说过：在成功者的道路上，流的不是汗水，而是鲜血，他们的名字不是用笔而是用生命写成的。

居里夫人有资格说这句话，她对镭的研究长达三十五年，在这期间，丈夫的去世、生活的贫穷到底给她带来了多少折磨，也许只有她自己才清楚。但她坚持了下来，在痛苦面前没有倒下，最终她成功了。

没有痛苦就没有成功，就像真正伟大的战士都是从九死一生的战场上拼杀出来的一样，真正的成功者都是战胜了无数的艰难困苦才收获了属于自己的命运。

1914年的诺贝尔生理学和医学奖获得者罗伯特·巴雷尼从小因病落下了腿部残疾，按医生诊断他只能终生卧床。

面对这么大的人生困厄，巴雷尼并未怨天尤人，只要身边有大人，他就请人家帮忙搀扶自己练习走路、做体操，为此他常常累得满头大汗。

慢慢地，体育锻炼弥补了由于残疾给巴雷尼带来的不便，他至少可以走路了。

之后，他又通过刻苦学习，以优异的成绩考进了维也纳大学医学院。

大学毕业后，巴雷尼以全部精力致力于耳科神经学的研究，最后取得了很多正常人都不可企及的成就。

没有一片海域没有波澜，没有一个出海人没有遇到过风暴，在漫长的航程中，风浪不但不可怕，反而能够让出海人更加警惕，时刻保持清醒的头脑，让出海人更加坚强，用更大的勇气面对下一次的风暴，最终到达胜利的彼岸。

一句话安慰

每一次痛苦的经历都是一笔宝贵的精神财富，它取决于你的心态，更取决于你的转化能力。

别让心想事成害了你

记得曾经看到过这样一篇报道：内蒙古某大学一位政法学专业的大学毕业生，因为要求父亲给自己买一辆小汽车的愿望没有得到满足，就用砍刀将父亲残忍地杀死，而父亲在临死前忍着剧痛，躺在血泊中还叮咛儿子："拿了钱赶快跑！"

对于这个大学生，我真是又气又恨。掩卷沉思，对于这位父亲，我除了感到可怜和心酸之外，又增加了一些无奈。

据报纸记载，这个孩子自小家境一般，但父母只有他这一个孩子，因此对他非常溺爱。他有什么要求家长都千方百计地满足他，要星星不敢给月亮。为了给孩子买游戏机，父亲甚至将家中留着的乳羊卖了。

在父母的骄纵下，这个孩子从小养成了唯我独尊的性格。他想要得到的，父母只要稍有异议，便大发雷霆，甚至常常对父母大打出手。

等孩子上了大学，父母心想这下总可以得到改观了，但哪想到，孩子的年龄大了，脾气也跟着大了。

毕业之后就向父母要房子，父母不敢违拗，只好砸锅卖铁到处借钱给他买房。等好不容易买了房之后，这孩子又要买车，已经砸锅卖铁的家实在是拿不出多少钱来了，于是就发生了上面的那一幕。

古希腊伟大的哲学家柏拉图曾经说过一句话：给一个孩子最残酷的待遇，就是让他心想事成。

这句话说得非常对，凡事总能够心想事成的孩子，就像一直处在保护伞下生长的鲜花一样，它要阳光有阳光、要水分有水分、没有风雨没有虫害，但是这些保护伞能够陪伴鲜花一辈子吗？当保护伞撤下了，鲜花需要独自面对外部的环境时，它很快就会因为没有抵御伤害的能力而枯萎的。

一直在父母的保护伞下成长的孩子，要什么就有什么，没有遭遇挫折打击就是件好事吗？要是长辈的保护伞不再能够遮风避雨，那么往后的人生还能心想事成吗？

凡事都得到满足的孩子，一旦遇到不顺心、不如意的事，这时如果他还像对待自己父母一样对待他人，那么他非但得不到他人的同情和帮助，反而可能给自己带来麻烦。

孩子在成长中总会遇到各种问题，困难、拒绝、失败不可避免，正常的孩子应该在问题中学会解决问题，在困难中学会面对困难，在拒绝中学会和他人妥协，在失败中吸取教训，但是我们现在做父母的却认识不到这些。

他们看到孩子掉眼泪心就软了，听到孩子委屈声音心就疼了，因此孩子的要求即使再无理，父母也总是想尽一些办法让他满足。

当孩子的无理要求得到满足之后，父母的心理得到了快慰，他们觉得自己对得起孩子了，殊不知这正将孩子向错误的道路上领。

这几年征婚节目相当火爆，占据了各大电视台的周末黄金时段。

在一期征婚节目中我就看到了这样一个想法神奇的女孩儿。该女孩儿提出的交友条件是：健康、帅气、貌美，要有国外著名大学硕士以上学历，要有家族产业，自己也要有钱，住的房子必须是别墅，车最次也要是奔驰，还要有不少于1000万的现金存款。

提出这么苛刻条件的女孩是一个中专毕业生，长相抬举她说，也只能算是个一般人，家庭环境就是普通的城市小市民，自己现在连像样的工作都没有。

我看到她自身的条件，再看她提出的非这样不嫁的要求，我只想对她说"但愿你这辈子嫁得出去！"。

其实即使抛开她自身的条件不谈，一个人也不应该如此拜金和不知天高地厚，但当我看到下边她亲友团的表述之后，就知道这个孩子有这样的思想绝非偶然了。

当主持人采访她的母亲时，这个满脸骄纵之气的中年妇女说：自己的女儿从小过的就是公主的日子，长大了找一个王子自然是理所应当的。孩子小不懂事，要是让她来挑，她还觉得必须得是外国人，至少是外籍的人才肯嫁呢！

嗨，真是有其母必有其女啊！

对孩子好是父母的天性，但是对孩子好成上面这样，甚至都到了骄纵的地步，就非常令人担忧了，就像这个女孩的婚事，可真让这个做母亲的发愁、揪心了。

其实每个人都有痴迷自己喜欢的东西的冲动，孩子也一样，而且因为无法控制心中的天性，他们追逐自己喜欢的东西表现得更加强烈。在这种情况下，父母就更应该让孩子尝一尝被拒绝的滋味。

欲望就像一只总是喂不饱的小狗，满足就像填进它嘴里的骨头，喂得骨头越多，欲望就长得越茂盛；欲望长得越茂盛，需要的骨头就越多。

无论你的家庭条件有多么优越，心想事成对于孩子来说都不是好事，你终有喂不饱他的时候。当你手中的食物不够了的时候，他就会连你一起吞噬掉。

父母们要注意，不要让"心想事成"害了孩子也害了自己啊！

一句话安慰

不要祈求一帆风顺，只希望有勇气做自己！

奋斗的意义就在于不甘平庸

"小时了了，大未必佳"是说一个人小时候聪明伶俐，长大后却未必会依然如此；一个智力平常的孩子，经过努力，长大后却可能成就一番令人意想不到的伟业。

爱因斯坦与小板凳的故事相信很多人都耳熟能详了，木讷的小爱因斯坦连手工制作都不行，和老师交流时连一句完整的话都说不利索，谁能想到几十年后他能够成为人类智慧的象征，开启近代物理学的新纪元呢？

方仲永的故事也不需要我多说了，一个州府县皆称之为"神"的少年天才，长大后却泯然众人，真是"小时了了，大未必佳"啊！

同样是少年，同样是成长，为何会出现如此状况呢？那是因为被称作天才的少年，成长在众人目光的注视中，他的一举一动都有人在关注，从小到大都被鲜花和掌声包围着，这很容易让他走向两个极端——不是被这些赞誉熏陶得骄纵无比，就是被这些关注带来的压力所压垮——这二者都非常不利于一个孩子的健康成长。

反观那些被命运"抛弃"的孩子，因为无论是自己还是他人都对他们没有过高的要求，所以能够给他们带来一个相对宽松的环境。他们做好了有人鼓励，做不好也没人怪他们，而这正是一个孩子成才的最佳环境。

曾经有一个孩子，他被命运抛弃，曾一度被人称作低能儿，但就是这个平庸的"低能儿"，在一个同样平常的环境中，却凭借自己的努力创造了一番不平常的事业。

这个孩子叫作查尔斯·舒尔茨，世界著名动画人物史努比的创造者。

在舒尔茨读小学的时候，经常是几门功课一起亮红灯，尤其是理科成绩。他的物理学科四次考试的成绩都没有超出个位数，被称为学校有史以来最出色的"物理试卷清洁工"。在其他课程考试中他的成绩也好不到哪儿去，数学、作文、语法和演讲没有一科及格过。

他头脑简单，四肢也未见如何发达。全校的运动队只有高尔夫球队因为招不到队员才破格接受他作为替补队员。在一个赛季唯一出场的一场比赛中，他将全队的成绩拉了二十几杆，愤怒的队长将其开除出队。

不仅如此，在青少年时期，他还是一个有名的"树袋熊"——笨嘴拙舌、不善言辞，在社交场合从来就不见他的人影。

当然不是因为其他的同学都不喜欢他，而是在别人的眼中，他这个人压根儿就不存在。如果有哪位同学在学校外主动向他问候一声，他会受宠若惊，并感动不已。

在整个求学时期，舒尔茨从来没有邀请过哪个女孩子一起出去玩过，因为他太害羞了，生怕被人拒绝。

通过上面的描述，任谁也都把他看成是一个无可救药的失败者，他的人生注定平庸，直到终点。

每个认识他的人都对此深信不疑，就连舒尔茨本人也十分清楚。然而他对自己的表现似乎并不十分在乎，因为他还有另外一个朋友，那就是画笔。从小到大，他只在一件事情上取得过出色的成绩，那就是绘画。

舒尔茨在很小的时候就表现出了极高的绘画天赋，但这并没有得到家人的重视。随着年龄的增大，在其他领域都不行的舒尔茨便把全部心思都放到了绘画上面，舒尔茨深信自己能够凭借绘画创造奇迹，他对自己的作品很自信。

上中学时，舒尔茨曾经向《毕业年刊》杂志投了几幅漫画作品，但最终一幅也没有被采纳。对此他感到十分沮丧，但一拿起画笔，郁闷不快就立马散去了。

尽管此后还有多次被退稿的痛苦经历，但舒尔茨从未对自己的绘画才能失去信心。别人越是质疑，他就越是决心成为一名职业漫画家。

中学毕业那年，舒尔茨向当时的迪士尼公司写了一封自荐信。迪士尼让他把自己的漫画作品寄来看看，同时规定了漫画的主题。于是，舒尔茨开始为自己的前途奋斗。

他投入了巨大精力与大量时间，以一丝不苟的态度创作了许多漫画。然而，漫画寄出后，却如石沉大海，迪士尼公司没有录用他——失败者再一次遭遇了失败。

事已至此，舒尔茨感觉生活就如黑夜，在无比困顿的日子里，他尝试着用画笔来描绘自己平淡无奇的人生经历。

他用漫画的手法画出了自己灰暗的童年、不争气的青少年时光、一个学业糟糕的学生、一个屡遭退稿的所谓艺术家、一个没人注意的失败者，他的画也融入了自己多年来对绘画的执着追求和对生活的真实体验。可以说，他是在用灵魂作画。

连他自己都没想到的是，自己在绝望中的最后一笔为自己开启了成功的大门。他所塑造的漫画角色一炮走红，他创作的连环漫画《花生》

很快就风靡全世界，他成了享誉世界的漫画大师。

命运其实是一件挺有趣的事，有时它给了你开始却没有给你结局，有时它让你的结局万般美好，但总是拿一个一塌糊涂的开始考验你。因此，正处于逆境中的你，不要自怨自艾，拿起属于你自己的"画笔"，成功也许就在你的下一笔上面。

一句话安慰

一时的得意与一时的失意都容易令人踏步不前，你要学会勇往直前。

优秀的前提是要扛得住打击

妻子的闺密娟子最近很犯愁，愁的是自己的孩子·雯雯是学校里的优等生。

妻子觉得不可思议，雯雯学习好，奖状挂了满满一面墙，老师和同学们也看重，放在别的父母眼里那就是好孩子。可娟子却不这么想，她说："孩子现在一帆风顺，没吃过苦没受过挫折，连别人的冷脸都没见过，以后到社会上怎么办呢？"所以，一开家长会，娟子都要跟雯雯的班主任交代少夸奖自己的孩子，多让孩子受点儿挫折。

娟子的这种做法是看了一篇新闻报道后产生的。

新闻报道里说，16岁的印度美少女辛吉妮·塞古塔喜欢歌舞，还演过电影。一次电视歌舞比赛中，当骄傲得意的辛吉妮表演完毕，一位"毒舌"评委毫不客气地批评她，认为辛吉妮今天的表演很差劲。结果，一直被表扬，从来没有被打击的辛吉妮，白眼一翻当场昏倒在地。

不久，她的情况变得更糟，先是失去了语言能力，接着连四肢也无法动弹，仿佛得了失忆症，什么都不记得了。

说实话，听到这个故事，我和妻子就立马反思和调整自己的教子思想，生怕有一天孩子也会这样。

一帆风顺的人缺少的不是鲜花和掌声，不是成功的体验和纷繁的荣誉，更多的是挫败的感受。

一个受过打击、具有耐挫能力的人才能在社会竞争中谋得一席之地。

我以前所在的公司曾经招过一个专业成绩在全校前三名，在国家级刊物发表过论文，计算机三级，英语过了六级，甚至还修了双学位的新同事阿航。

开始时我们以为这是不小的助力，结果事情却出乎意料。

阿航这样全能型的人才，可能是在书本上花费了太多时间，一接触到实际工作，没有经验的他立刻就没了主意，根本完不成既定的任务。这还不是最糟的，最糟的是上司的批评让他悲观失意，甚至有点儿自暴自弃。

虽然大家在工作之余也尽心开导，不过阿航却怎么也调整不好心态，整日消极处世。不久，同事们也作罢，不再相劝。这下从来没有受过别人冷落的阿航更适应不了，于是提出辞职。

这样的事情发生了几次之后，公司人力资源部的负责人决定，即便初筛时对优等生高看一眼，但在正式录用时会斟酌再三了，甚至尝试着招一些成绩或表现中上等的大学生。

在职场，大家都知道存在 Mushroom Law，也就是我们常说的"蘑菇定律"。管理层常常会把新人分配到不受重视的部门，或被安排做打杂、跑腿的工作。而且，就像蘑菇培育要被浇上大粪一样，新人还要接受各种无端的批评、指责，甚至代人受过。他们得不到必要的指导和提携，就像路边的野草一样自生自灭。

新人只有像蘑菇一样长到足够高、足够壮的时候，才被人们关注。此时它们已经能够独自接受阳光雨露了。

试想，一个一帆风顺，没经历过风雨，伴着鲜花掌声长大的优等生，能否经得住"蘑菇时期"的折磨呢？显然，心理落差太大，打击太重，新人多少会显得失落。

现在，选择自杀的人不少是社会高端人才，而很少见那些混混们一朝想不开。这么看来，那些拒绝、打击、挨揍、崩溃等，都算是生活的财富和生存的力量了。

如果他们在小时候，在上学的时候就经历过了，早就为以后的社会生活储备了足以承受失败的精神和抗击否定的能力，那也是很好的事情。毕竟温室里的花朵是经不起风吹日晒的，而铁经百炼才能成钢，钢经淬火才愈加坚韧。

前年，偶遇小学同学阿成。阿成已经是一位著名的企业家了。饭局上，我们聊起了同窗，他不经意间说的一句话颇让人感慨。

他说："看看我们的同学，成为企业家的，都是当年学习成绩不好的。"我相信这种现象还是比较普遍的。

相比于那些优等生，阿成具有一种初生牛犊不怕虎的勇气，一种百折不挠的抗摔打精神。在企业起步的时候，他敢碰、敢试、敢败、敢闯、敢胜。所以，阿成有了今天的成就，而大部分"好学生"还在为别人打工。

练拳击和跆拳道等武术，首先要学的是什么？是学挨揍。一个人只有先学挨揍，才能懂得怎么保护自己，懂得什么时候撤退才能掌握怎么进攻。如果一个拳击手受不了别人最普通的一击，那他是没有胜算的。

所以说，优等生还是先学"挨揍"，再到社会上去追求梦想吧。

一句话安慰

优秀不在于学历有多高，不在于能力有多强，而在于不断锤炼强大的内心！

输得起才赢得了

一个人到野外作画，也许会将呼吸新鲜空气、随意涂抹颜料这些事情本身当成一种享受。在技巧之外，他的画是灵动的，充满生气的。这样的画作会更容易被认可。

如果在绘画的过程中，这个人的头脑中总是出现"我的画是否足够好？""我一定不能输给别人""我如果画不好，那可怎么办呢？"等念头，那么画作很有可能不会成功。因为，当他脑海中有这些念头的时候，表明他非常害怕和恐惧失败，表明他心神不宁，没有做到全神贯注。越是如此，越和成功相背离。

今天，我们是如此重视成功，以至于我们都丧失了承受失败的能力。甚至，连孩子都被要求"不能输在起跑线上"。

我们躲避失败，像逃避瘟疫一样。可是，失败就如同我们吃饭、睡觉一样，是生活的一部分，根本不可避免。

就拿婴儿走路来说，都是从撞撞跌跌开始的。如果害怕摔跟头而不走路的话，那岂不是永远不会走路了？我们不可能因为怕噎着就不吃饭吧！

不幸的是，大家都患上了"完美主义强迫症"，希望任何事情能一开始就正确，并且一直正确下去。如果你是机器人的话，兴许有点儿可能。不过，对于人类而言，这是绝对不可能的。所以，敢于失败，不被失败吓倒，成功概率显然会大些。

玩牌的时候，如果有人因为输了牌闷闷不乐，旁边就会有人甩出一句："输不起就别玩。"通常情况下，如果一个人患得患失，就会在出牌的时候表现得谨小慎微，犹豫不决，甚至焦虑不安，输的可能性随之加大，正所谓"越是怕什么，越是来什么"。

在争取成功的道路上也是如此，你越是害怕失败，失败越是追着你不放。

我记得看2006年中甲比赛，广药队在太原兵败，兵败原因是球队在三连胜之后有种"输不起"的心态在作怪。而在输球后，教练戚务生却说出"痛快"两个字，告诉大家一场失利不算什么，要保持清醒的头脑，摆正心态。

幸而，在下一场不能输的关键比赛中，重压之下的广药队表现出的是绝对"输得起"的心态，放开了打，绝不缩手缩脚。因为不害怕失败，结果却仿佛有如神助，奇迹般地赢得了比赛。

体育比赛中，如果得失之心太重，老是担心发挥失常，那就容易造成心理压力，容易影响正常水平的发挥。

据说，被誉为世界第一CEO的杰克·韦尔奇读高中时，曾参加冰球联赛比赛。

球队连输7场后，杰克·韦尔奇愤怒地将球棍甩向了对方场地，怒气冲冲地进了更衣室。他的母亲则告诉他："如果你不知道失败是什么，你就永远都不会知道怎样才能获得成功。如果你真的不知道，你就最好不要来参加比赛。"

正是这句话让他懂得了在前进中接受失败的必要，也为他日后的成功打下了牢固的基础。

朋友东子在北京一家大型医疗公司任销售总监。从小他就很喜欢从事挑战性的工作，打牌、下棋等娱乐活动他很少干。

后来他感觉做销售特别刺激，就想借机挑战一下自己。我们知道，做销售经常面对的就是失败。销售人员非常容易出现挫败感，尤其是这几年，医疗器械行业市场低迷，竞争特别激烈。攻克一个大客户非常不易，抢单更是艰辛。

东子笑着说："在销售中失手是很正常的事。可以说，我每一天都在失手。有好几次很大的单子马上就要到手了，它却还是跑了。所以，做销售的要敢于失败，而且必须善于从失败中学会成长，思考客户真正想要什么。这样才能做好下一单生意。"

我常常想，如果一个人能在"我每一天都在失手"的状况下，不惧怕失手，继续去尝试，那他的内心不可谓不强大。

众所周知，西楚霸王是英雄。不过，我倒觉得他是失败的英雄，因为他把失败看得太重了。有了害怕失败的心，他才会在听到四面楚歌后认为自己被包围了，才决定要别姬自刎。后人写诗道："江东子弟多豪俊，卷土重来未可知。"

试想，倘若项羽肯东渡过江，像越王勾践一样忍受屈辱，也来个卧薪尝胆，说不定还真能东山再起呢！不过，如果没有敢输敢赢的心，英雄也只能气短了。

人不怕走在黑暗里，就怕心中没有阳光。古人不也常说"胜败乃兵家常事"吗？输了，没有关系。只要别把底气输了，跌倒了再爬起来，没什么大不了的。

成功的秘诀不就在于不惧失败、敢于失败吗?

一句话安慰

看淡成败，人生豪迈，大不了从头再来。

人生偶尔红灯，是为了等待绿灯

周末聚餐时，朋友阿林私下跟我讨论他突然亮起红灯的婚姻。

说起阿林，他和妻子珊珊在朋友圈里一直是模范夫妻，两人恩爱幸福，女儿也活泼乖巧。和谐甜蜜的婚姻，怎么会亮起红灯呢？

原来，阿林忙于事业，常常加班至深夜，而珊珊开始尚能体谅。凡事皆有度，最近，珊珊终于在阿林醉酒晚归时爆发出来了。

她带着女儿回了娘家，只留下一张字条："其实，我早就觉得累了。你只顾忙着事业，家里的事情一点儿都不管，还总是乱发脾气。但我不愿意提出来，害怕你说我不懂事，害怕给你增加压力。可是，婚姻不是我一个人的事，你知道吗？"

颓废的阿林经过了三天痛苦的反思，终于意识到妻子的重要。

他喝醉了，抓着我的手说："恒哥，这三天我每天都在反省。对婚姻的红灯，我只有一个感觉——庆幸。"

我以为阿林说了醉话，谁知他的解释令人深思。阿林庆幸的是妻子在这个时候表明不满，表示拒绝，这给了他重新反思自己、挽救婚姻的机会。

如果妻子一直在表面上"一帆风顺"的婚姻中忍耐下去，等她耗尽了感情，还能剩下什么呢？阿林说，妻子的做法一下子激醒了他。

仔细想想，这话倒也有理。这就像我们驾车旅游，一路绿灯是很多人期待的，但也是个永远难以实现的理想状态。

试想，开了数个小时，想到下一个红灯处歇一歇却发现这不可能，这何尝不是另一种痛苦呢？红灯亮了，那就不急不慢地刹车，然后停下来休息一下。抽根烟，喝口水，60秒之后重新起航。一切刚刚好。

我当年在外企工作时，公司一位老外高管杰斯本应该顺利高升，结果却变成了有职无权的边缘人物。在大多数人眼中，他不可谓不尴尬。不过，杰斯表现的全然无事，就像天下没有"冷板凳"这回事一样。

上班时杰斯依然神采奕奕，尽管没人把他的意见当真，但他还是积极发言做策划；尽管签字只是走走形式，但杰斯把自己签完字后的文件积极送给让自己坐冷板凳的新老总签字；尽管他已经既不做决策又不干具体事了，但他积极加班充电。

一年之后，杰斯成了"第一替补"，成为主力，重掌大权。

又过了半年，杰斯临时受命，保住了公司的一桩大生意，自此重新得到总公司重用。

说实话，在这个喧嚣浮躁的年代，面对挫折，我们大部分人已经变得急功近利，无法保持先哲们所推崇的从容安然的精神状态了。这点从闯红灯的事情上也能看出几分来。

遭遇挫折时，很多人都会怨天尤人，一蹶不振。结果，这些消极的抵抗造成了更多的不幸。

真正的智者总是能利用这些"失意时间"，从暂时的失败中找出自己与别人的差距，吸取教训、韬光养晦，积蓄自己的力量。那样，当他破茧而出的时候，才能变成最美丽的蝴蝶。

　　和一位医生朋友谈及前一阵的流行性感冒时，我才发现大多没有经过拒绝和打击的人就会像那些很少生病的人一样，一旦得病，即便是很小很轻的感冒，也可能一病不起。所以，人生偶尔的拒绝和打击何尝不是好事呢？就像生了病，就会有"抗体"一样。有了"抗体"，身体才会亮起健康的绿灯，我们才会有战胜苦难的力量。

　　我曾看过歌手刘若英写的书，从字里行间就可以看出她经历过很多磨难。

　　在成名之前，刘若英只是一个以"站在自己的舞台唱自己的歌"为梦想的普通女孩。不幸的是，当时知名的音乐人断言她很难在歌坛有所发展。

　　虽然人生的道路突然被打了一个大大的叉，但刘若英没有放弃，她选择在唱片公司做助理。助理的工作辛苦而琐碎，她要包揽背吉他、买盒饭等杂活。

　　在回忆这段岁月时，刘若英曾说："当时真的很辛苦，也常常身上没有半毛钱。有一天半夜要回家，却发现身上没钱坐车，只好拿着提款卡去取钱，第一次按五百元显示'余额不足'；第二次按一百元还是一样的命运。最后才发现自己的总财产只有九十七元。"

　　甚至，在最艰难的时候，她竟然连吃盒饭的钱都没有了。

　　成名后的刘若英说："正是那些人生和事业的低谷，更让我懂得珍惜自己面对的每一部戏和每一首歌。每一道伤痕都是我的一种骄傲。"

　　你看，谁的人生中都有亮"红灯"的时刻。"红灯"或许是让你像刘若英一样接受考验，或许是让你像阿林一样重新审视人生，或许是让你如企鹅沉潜一样积蓄力量。

　　总之，遇到"红灯"不一定是坏事。不管等待多久，"红灯"总是会转绿的，道路也总会通畅起来的。如果你耐心等待"红灯"转绿，那么你就可以继续奔驰在宽阔的道路上，甚至一路畅通。

同样的，如果你有信心和毅力去克服人生中的挫折，那么你的人生也许将会越走越顺畅，反之，可能将会永远亮着红灯……

一位网友曾笑言："没有红灯的马路不是完整的马路，红绿灯交替，各方车辆才能顺畅通行。"

人生也一样，偶尔亮起的红灯不是障碍，更不是为了拒绝你前行，而是为了给你留足调整自己、养精蓄锐的时间和空间。这样绿灯一亮你才好加足马力，向着下一站出发。

一句话安慰

乘胜追击，乘败休息。失败时，正可以养精蓄锐，然后寻找机会，再次出击。

有些弯路非走不可

去年"十一"假期，我和朋友去爬山。下山时，好友雨辰发现了一条小道，看起来像是山民常走的捷径。于是，我们决定沿着小道下山。谁知，小道在离山下不远的一处山崖前一拐，转向了远处的小村落。最后，我们不得不弯弯曲曲绕很久才回到山下。

路上，另一位朋友在疲累之余感慨道："这是什么捷径？原来是个大弯路。"雨辰却很阿Q地说："绕了弯路又怎样？至少我已经知道有一条山路是不能走的！下次就不会这样了。这个弯路走得也算值。"

这话听起来像爱迪生的口气。据说，在历经一千多次试验失败后，爱迪生才找到了钨丝。对于此前的失败，爱迪生的回答是："失败？不，不，我知道了至少一千种的不可能性。"

现在，大家做什么事情都喜欢走捷径，什么留学不走弯路，减肥立竿见影，创业成功捷径……坦途捷径是快，但是，捷径何尝不是由无数次走弯路的经验累积而成的呢？而且有些事情根本就没有直达之路，必须弯弯曲曲地绕行。

玄奘法师是《西游记》小说中唐僧的原型。不过，我在寺庙学禅理的时候了解到，玄奘年轻时并未显露慧根，甚至还因为受不了激烈竞争而萌生转寺之念。

寺中的几次僧试，他的成绩都不是很突出。但是，玄奘最终在暂时的不得志中明白过来，知道了什么是该做的。从此他每日三课，潜心修行，终成正果。

我们年轻的时候都可能走过这样一条路，碰壁、摔跟头，甚至头破血流，但是如果不摔跟头，不碰壁，不碰个头破血流，怎能知道这条路的艰难，怎么能炼出铜筋铁骨，怎能长大呢？

我从港台电影里得到的启示是：浪子回头金不换。年少时候混帮派的坏男孩走上社会之后，反而能安定下来，踏实生活。因为他已经从动荡的生活里懂得了平淡的幸福。这何尝不是一种收获呢？而且，这种在血泪中得到的"真理"更值得铭记，不是吗？

冯骥才先生在一篇文章中讲到挑山工的上山路线是"折尺形"的，就是他们"从台阶的左侧起步，斜行向上，登上七八级，到了台阶右侧，就转过身子，反方向斜行，到了左侧再转回来，每一次转身，扁担换一次肩"。冯先生当时觉得诧异，走直线不是更快吗？原来，如果担着重物走直线去爬山，首先膝盖头会受不住，而且也容易把担着的物品摔碎。

虽然路线曲折了，但是这样做确实会更省力。看来，有些弯路还是得走的，而且是非走不可。

成长没有捷径，就像把花放在温室里种植不一定好一样。如果在成长的过程中没有经历外面的狂风暴雨和虫害肆掠侵袭，那么这些花的寿命也不会长久。

植物需要风雨，人也必须经历磕磕碰碰和磨难。

不记得在哪里看过这样一个故事，说一个经验丰富的老渔翁倾尽全力教导自己的三个儿子，但是儿子们都不成器。老人向邻居诉说自己的苦恼，说自己为了使孩子们少走弯路，仔细告诉他们怎样织网最容易捕到鱼，怎样划船不会惊动鱼，怎样下网最容易请鱼入瓮……

结果，邻居却说这是老人的错了，因为孩子们没有失败的教训，所以不可能一下子就能学到成功经验的。这不正是老人教子失败的原因吗？

在一个人追求梦想、实现目标的过程中，因为自身的因素或环境的影响，或时代的局限，他的探索、尝试和努力可能暂时以失败告终，但是在这个"摸着石头过河"的过程中，他至少锤炼了意志，找到了与别人的差距，知道自己能做什么不能做什么，更明晰了生活的方向。

多年以前，我在简陋的摘抄本上记下过印度大诗人泰戈尔的一句诗——"最近的路途需要最远的跋涉"。也许，它放在这里才是最合适的。

所以，就像雨辰最后套用某名人的话说的"弯路乃捷径之母"，珍惜每一段弯路吧。

一句话安慰

走了弯路，重要的不是守在那里计算你付出了多少代价，而是你能够在最短的时间内调整方向，重新开始！

将挑战当成自我提升的机会

在追求事业、学业、爱情和幸福的道路上，我们总会遇到一些荆棘。如果每遇到一棵荆棘，我们就大喊着"伤不起"，然后失意苦闷、一蹶不振，那必然只能陷在荆棘丛中。

事实上，我们只不过没有试着换个角度去看生活中的荆棘。

大多数人之所以惧怕困难，是因为觉得困难会伤害我们。

古罗马哲学家爱比克泰德在《沉思录》一书中揭示了这样一个真理："事情本身不会伤害或者阻碍我们，他人也不会。我们如何看待这些事情却是另外一回事。困扰我们的正是我们对事情的态度和反应。"就拿死亡这件事情来说，它并不是一件多么可怕的事情。可是，正是因为我们认为死亡很可怕，所以死亡才可怕。听起来像绕口令，不过这是真的，对死亡或者痛苦的恐惧才是真正可怕的。

所以说，打翻了牛奶、遇到了瓶颈、遭遇了失败、发现朋友背叛等，这些事情可以不用介怀，只要我们换个角度去看：牛奶打翻了，那就再倒一杯；遇到瓶颈了，放松后找新的切入点；遭遇失败，保持平常心找原因；发现朋友背叛了，可以远离这个人，但不要不相信友谊的存在。

当我们把每一个困难都当成上天赐予的"小礼物"，用平和乐观的心态去看待它们，那荆棘也能开出花来。

据说，达·芬奇三十岁还怀才不遇，际遇坎坷。他为了寻找机会，就投奔到一位公爵门下。

几年过去了，在达·芬奇的再三要求下，公爵终于开了恩，让他给圣·玛丽亚修道院的一个饭厅画装饰画。虽然是大材小用，但是达·芬奇还是竭尽全力去进行创作。他日夜站在脚手架上，废寝忘食，最终创作了壁画《最后的晚餐》。

浪漫主义音乐派先驱舒伯特之所以能创作出举世闻名的《摇篮曲》，是因为身无分文、饥肠辘辘的他需要用这首曲子换一份土豆泥。

不必惊讶，事实就是这样。看来，困难并不是绝对的坏事。至少困难丰富了我们的生活经验，磨炼了意志，让人生取得了新的突破。

好友子月曾向我讲述她的网球生涯。

她曾是网球选手，少年得志，球技精湛。不幸的是，高中时和同学攀岩，伤到了自己的左手，因此她再也无法施展自己最擅长的双手反手击球了。为此，她非常懊恼。

不过，子月很快就决定通过多锻炼右手，提高右手的进攻能力来弥补不足。几个月后，子月的右手攻球就颇具杀伤力了，帮她击退了很多高手。

她常说，每当遇到一个困难，或者被对手击败，她就抱着"塞翁失马，焉知非福""生命的喜悦在于转弯的地方"等想法，把这些挫折当成自己的一个个突破口。

当然，大多数人都拒绝挫折，希望自己一帆风顺，但我记得有句话叫作"感谢困难"。

这话跟一个笑话有关，笑话说有一个刚出道的小贼发现当小偷这份工作很好，工作的时间、地点等都很自由，而且薪水很高。于是，他就对师父说："要是没有警察就更好了。"

结果师父骂道："要是没警察，人人都当小偷了，你还偷谁去？"菜鸟小贼又惊又喜，原来警察还有这等好处啊。

我当时听后极度无语。后来，跟同事谈起这个笑话，他却觉得一点儿也没错，并举例说："如果设计软件这个工作很容易，谁都可以做，那要我们这些学了十年计算机的人干吗？感谢困难吧，它让我们有了工作。"

这让我联想到奥林匹克精神对"竞争对手"的解释。它认为竞争对手并非仇敌，因为他们的毅力给了我们动力，他们的抵抗使我们更坚强，他们的精神使我们更高尚。因为他们的存在，我们才显得如此重要。

我们可以说正因为有困难存在，所以我们才能有所成就。

生活中总有荆棘，它能不能伤到你、会不会帮到你，取决于你是如何看待所谓的困难。如果我们只看到眼前巨大的废墟，并消极认为一切毫无办法，那将于事无益。

转个身，也许你就能看到那些在瓦砾缝隙里盛开的栀子花。

一句话安慰

把每一个挑战都当成一次自我提升的机会，面对困难，自我肯定一下：太好了，它能帮我积聚勇气，助我成功，积累新的人生体验；同时，自问一下：我能从中学到什么？

放宽心，把障碍当成垫脚石

一位画家常到名山大川写生。

一日清晨，他到搔耳山最早沐浴晨光的西峰峰巅作画。路上忽闻潺潺流水声，他看到前面有一条小溪。由于晨雾朦胧，他不敢贸然过溪，就用三五根树干搭桥，顺利到了对岸。

绘画结束后，他原路返回，远远看见早上的小溪只有一步宽，一抬腿就能过去。但是，当他走到自己架设的小桥边时，他却怎么也笑不出来了。

这哪里是小溪啊，这是搔耳山东西两峰之间的一线天哪！画家倒抽了一口冷气，双腿不由自主地颤抖着，并一步一步向后退，再也没有勇气过去。

一步宽的距离，怎么倒像是千山万水的相隔？到底是什么让我们退缩不前？

享有"撑竿跳沙皇"美称的布勃卡，曾有过一段失落的日子。当时，他不断尝试冲击新高度，但每一次都失败而返，布勃卡苦恼、沮丧，甚至怀疑自己的能力。

一次训练中，他对教练说："我实在跳不过去。"教练平静地问："你心里是怎么想的？"他如实回答："我只要一踏上起跑线，看清那根高悬的标杆时，心里就害怕。"

很多人恐惧障碍，希望人生如同顺水顺风的行船，能安然到达对岸。其实，这是因为我们不了解障碍存在的意义。

一只蝴蝶的茧子上裂开了一个小口，它正艰难地将自己的身体从那个小口中一点一点地挤出来。一个观察了几个小时的人看着停下来的蝴蝶，心疼它，就拿剪刀小心翼翼地将茧破开。

他以为蝴蝶会打开翅膀，飞起来，但这一刻始终没有来临——蝴蝶带着萎缩的身子和瘪塌的翅膀在爬行，它永远也不能飞起来了……

学过生物的人可能知道，蝴蝶从茧上的小口挣扎而出，是自然的安排。因为只有通过这一挤压过程，将体液从身体挤压到翅膀，这样才能脱茧而出，展翅飞舞。

在蝴蝶看来，所谓的障碍恰恰是成长的助力。如果失去了这道历练，那么它根本不能翻飞。

人生的障碍也一样。它存在着，不是为了挡住我们，恰恰是让我们跳得更高。不要畏惧人生路上阻碍你的东西，你应该把它变成成长的垫脚石。

当布勃卡说完，他的教练突然一声断喝："布勃卡，你现在要做的就是闭上眼睛，先把你的心从横杆上'摔'过去！"教练的厉声训斥，让布勃卡如梦初醒。

他撑起跳杆又试跳了一次，一跃而过。从此，布勃卡每次起跳前，都会先将自己的心"摔"过横杆。

世界上，最难跨越的可能不是珠穆朗玛峰，而是我们心中的那座山。一个人只有突破心障，才能超越自己。有些障碍看起来是堵高耸的墙，但攀上去，你就会发现，它不过是我们的垫脚石。

记得陪孩子看过一集动漫。一个剑客和一个身体像钢铁一样坚硬的强敌决斗。剑客说："我一直在等待如此困难的战斗，我的剑还斩不断钢铁。我只知道越逼越强，这就是成为一流高手的精髓。当我战胜你之时，我就会成为连钢铁也能斩断的男人。"

我想，对于心中拥有必胜信念的剑客而言，对手纵然是强敌，也将会是自己的手下败将，更重要的是这一战能使自己变得更强。所以，对于成为剑豪的路上所遇到的对手，他怀抱着欢迎和期待的态度。

著名的探险家约翰·戈达德15岁那年写下了《一生的志愿》，列举了127项人生的宏伟志愿。很多人都认为那些望而生畏的目标不过是一个孩子天真的梦想。然而，约翰·戈达德一路豪情壮志，一路风霜雨雪，硬是把一个个似乎是空想的愿望，变成了一个个活生生的现实。

若干年后，他实现了《一生的志愿》中的106个愿望。

当人们问他凭借什么力量把那么多的艰辛都踩在了脚下，把那么多的险境都变成了攀登的基石？他微笑着如此回答："我总是让心灵先到达那个地方，随后，周身就有了一股神奇的力量。接下来，就只需按着心灵的召唤前进。"

在人生的奋斗中，我们的面前又何尝不是横亘着一道道难关？倘若我们心存疑虑、畏首畏尾，势必寸步难行。

不妨先把心"摔"过去，让心灵先到达那个地方，然后你就会有力量去跨越障碍，把障碍变成垫脚石，去跃上人生之巅。

一句话安慰

障碍存在的意义，就是帮助我们实现自我超越。

不要用别人的错误惩罚自己

朋友年轻时出来闯荡，不幸在"好心"合伙人的花言巧语下，被骗光了所有的钱。朋友说，要不是好心人的帮助，自己很有可能就沦落异乡街头了。

人心谁能识得透？本以为是坦诚相待，怎料会是如此悲凉的结局！

这么多年，朋友对那个骗子还是怨恨难消，提起他时仍然咬牙切齿。

可是，经过了那次事件之后，朋友再也没有重犯当年的错误。虽然他这些年也遇到过不少伪装骗钱的人，但是，他都能保持警觉，巧妙应付，避免损失。

一个女人到婚介所征婚，想寻找幸福的人生。谁知，她偏偏遇到了婚姻骗子。虽然和男人的约会甜蜜，但是男人次次空手而来，每次消费都是女人无奈买单。而且，对方还以父亲做手术为名，向女人借了一笔巨款。女人一查之下，才发现对方的工作、证件、户籍竟然全都是假的。

一腔热情却遭遇欺骗，女人伤透了心。事后，她说这次的经历，虽然摧毁了她对美好爱情和婚姻的向往，却也让她知道了世界的复杂和人心的险恶，让她学会了保护自己。

被人骗，而且对方还是自己最亲密、最信任的人，感觉就好像不小心吃到只苍蝇般，大倒胃口。一般人都会冲进卫生间，把它吐掉，赶紧刷牙。

很多人面对恋人或配偶的欺骗都选择忍耐退让，委曲求全。但是，婚姻关系就像合作关系。生意场上，如果你的合伙人一而再地欺骗你，你还会和他合作吗？挥剑斩情丝才不会让你的感情在婚恋里变得廉价。

在被欺骗后，我们的内心会在瞬间成长，再也不单纯无知、迷茫幼稚了，而能变得更强大，更能保护自己。这就是成长和蜕变。

任何一个人，一生只做三件事——自欺、欺人、被人欺，如此而已。

你的一切，包括财富、感情、信任等，之所以如此好骗，是因为你总是在自己欺骗自己。

一个单纯的人，不经世事，总会把事情想象得很美好，不防备丑和恶。

男孩千里迢迢到陌生的城市见网友，却被网友偷光了钱、骗走了手机；大学刚毕业，第一份工作就被老板骗了，试用期快结束时被辞退，骂骂咧咧地给几百块钱当安慰；以为是中了大奖，占了大便宜，谁知对方的花言巧语不过是障眼法，你汇过去的钱不过是打水漂……

要完全了解一个人的心，恐怕比海底捞针还难。

被欺骗了，只能说明你对这个人和他的内心认识得不够深，只能说明你的阅历还少。没有防人之心，那你只能被人骗了之后还帮人数钱。

事情既然已经成为定局，为打翻的牛奶哭泣，毫无益处。

这次的经历并不是没有意义。假设没有这次经历，你可能还会对其他网友全听全信；可能还会被骗人的短信忽悠，往骗子的账户汇钱；你可能还会为了"万能药，治所有病"倾家荡产……

但是有了这次经历，你至少学会了留个心眼，不偏听偏信，就算看到骗人求助的短信，听到陌生人的搭讪，遇到天上掉下来的"大奖"，你也不会跟上次一样轻易被骗。这一次所失去的东西、钱财或者感情，就当是学到知人知心的学费。

吃一次亏，长一次记性。对于那些曾经欺骗伤害过我们的人，不必憎恨，否则是在拿别人的错误惩罚和折磨自己。

有时候，还要记得感谢，因为他们的欺骗给我们上了刻骨铭心的一课，在无形之中增长了我们的社会阅历。

一句话安慰

生气是拿别人的错误来惩罚自己。面对欺骗，要冷静处理，今后你会更成熟，更聪明。

别因为一时的耻辱，丢掉一生的尊严

曾任微软中国公司总经理、TCL集团常务董事副总裁的吴士宏最初在IBM公司北京办事处当清洁工。

一次，她推着平板车买办公用品回来，被门卫拦在大楼门口，故意要检查她的外企工作证。

当时，吴士宏还没有证件，只能僵在门口，看着进进出出的人们投来的异样眼光。她内心充满了屈辱，暗暗发誓："这种日子不会久的，绝不允许别人把我拦在任何门外。"

后来，一个资格很老、喜欢驱使别人做事的香港女职员把吴士宏当成了经常偷喝她咖啡的贼，还说："如果你想喝我的咖啡，麻烦你每次把盖子盖好！"这种人格的侮辱，让吴士宏顿时浑身战栗。

事后，她对自己说："有朝一日，我要有能力去管理公司里的任何人，无论是外国人还是香港人。"

受辱之后的吴士宏想要改变现状，就要先从低处走出来。于是，她每天比别人多花6个小时用在工作和学习上。

吴士宏从一名普通的蓝领一步一个脚印的，不断地付出艰辛，最终成为IBM华南区的总经理。

吴士宏在IBM工作的最初日子里，她对身处这个安全又解决温饱的环境甚感宽慰，也没有想着要打破平衡。但是，正是这两次受辱，让吴士宏有了改变命运的强大动力。

"有志者事竟成，破釜沉舟，百二秦关终属楚；苦心人天不负，卧薪尝胆，三千越甲可吞吴。"用蒲松龄的这副对联来形容深圳装修装饰行业的传奇人物韦文军委实恰当不过。

韦文军说自己是"刷马桶出身的"。

当年，韦文军刚到深圳，在老板的拒绝和羞辱下，决定留在公司学电脑，免费打扫卫生和刷马桶。同事都瞧不起他，一位女同事甚至当众对韦文军说："以后不要坐在我身边，你身上一股子垃圾的馊味搞得我想吐，难道你自己闻不到吗？"

是谁也受不了别人这样说，年轻的韦文军遭此奚落，只能跑到防火楼道里大哭一场。面对同事的嘲讽和侮辱，他后来都假装没听见，因为他下定决心，以后一定要有所成就。

弱者的自尊心是不值钱的，也不会有人在意你是不是伤了自尊。当别人把你踩在脚底下，对着你哈哈大笑的时候，在乎你尊严的人只有你。

捍卫自尊靠什么？捍卫自尊不是鱼死网破，而是你首先要站起来。要想获得别人的尊重，那你只有决然奋起，为自己挣得尊严。

天地不仁，以万物为刍狗。如果别人对你无情，那你要从这种无情中得到经验和教训，含悲忍泪，发奋自强。勾践"尝粪问疾"，"三年不愠怒，无恨色"，终于复国；司马迁"含垢忍辱，发奋著书"，终于名垂青史。

我的朋友徐奋早年在沿海打工。当时，一名白领发现他在打工之余居然还向《演讲与口才》等杂志投稿后，当着众人嘲弄他说："你腿上的泥巴还没洗干净，就想当文人啦？"当时，朋友几乎气炸了，淹没在这巨大的侮辱中，心中只有一个念头，要用成绩证明自己。

为了雪耻，他几乎玩命地读书写作，终于在国家级的杂志上发表了自己的文章。这无疑是对那些看不起他的人一个有力的反击。

打球时，面对对手的挑衅，最有力的回击不是言语的叫嚣，而是用尽全力，打出一个最好的球。

一句话安慰

人们总是崇拜有实力的人，"证明你行"才能让对方闭上嘴巴。

第 4 章

CHAPTER FOUR

接受被拒绝：

拒绝帮助你的人，能让你更快地成长

无论你多么优秀，都不可能令所有人满意。

能够接受被拒绝，与人相处中既不会伤到自己，

也不会伤到别人。

别人拒绝你的求助，也是另外一种帮助

艺人林建明在一次专访时，回忆年少时候由于一时拮据向人借钱，她原以为这是小事一桩，应该不难吧。谁知借一个，推脱一个，再借一个，还是不借……她的心一直往下沉，霎时长大。

她才明白，求人不如求己，她告诉自己要奋发、争气。

如今，靠着自己努力，她在演艺圈有了一定地位。

有名、有利、有江湖地位，回过头来看，当初的那些拒绝倒是帮了她。

当我们经过激烈的内心挣扎，鼓足勇气，敲开别人的门，口中嗫嚅半天，张嘴央求，结果却惨遭拒绝，个中滋味真是一言难尽。

记得我小时候，也是家中贫困付不起学费，犹疑再三，才打算去亲戚家借，不承想对方一口回绝。当时，委屈的眼泪就下来了，恨恨地发誓这辈子一定要混好，不为别的，就为给他看！

现在想想，别人并没有义务借钱给你，借了是恩情。站在对方的角度来看，不借也是理所当然，无可指责。但那份拒绝带给自己的心灵冲撞，至今仍然记忆犹新，难以磨灭。

如今再提往事，却是感激多于怨恨了。假设对方痛快地答应借钱给我，我就无法感知生活的艰辛，或许就不会奋起拼搏，也就不会有

现在的我吧。

当我们有困难需要帮助，不得已去求人，却惨遭拒绝时，通常都会沮丧、难过，甚至痛不欲生，对不肯施以援手的那个人恨之入骨，可我们却不曾想过，对方的拒绝又何尝不是另一种意义上的帮助呢？

我曾看过这样一个故事。

有一位20多岁热血沸腾的文学爱好者，揣着攒了好久才攒够的路费，带着自己厚厚的手稿去拜访一位知名作家，以求得到一些帮助。

作家得知他一路上都没舍得吃东西，就带他去食堂饱吃了一顿。同时，作家告诉他，他的文字功底很好，坚持下去一定会有所收获的。作家给了他自己的名片，告诉他需要什么帮助，随时可以打电话。

小伙子感激不尽，天晚了却磨蹭着不肯走，只为了再去食堂吃一顿饭，以免回去的路上再饿肚子。作家爽快地再次带他去了食堂，还替他打了满满一盒饭路上吃。小伙子依然没有马上离去的意思，因为他看到地上有很多稿纸，就提出来是不是可以拿一些，作家又给他装了一袋子纸。

临走的时候，小伙子掏出口袋里的零钱，一遍遍地说，自己手头如何拮据，什么礼物都没买，希望作家不要怪罪等。作家知道，他是在暗示自己给他买一张回去的车票。

作家这次拒绝了，他给小伙子讲了一段自己的亲身经历——

那一次，也是在车站，他同样穷困潦倒，没有足够的钱去买一张回去的车票。他没有去讨要，而是去杂货店买来了鞋油和鞋刷，他开始给人擦皮鞋，仍然没有挣到足够的钱去买车票。他就买了一张短途的车票，然后在车厢里继续给人擦鞋。他一路给人擦鞋，一路上挣钱以支付短途的车票，经过一番困顿，才好不容易回到了家。

小伙子羞愧地低下了头。

在这之后的几年里，小伙子很努力，作家也常常在信里鼓励他坚持下去。若干年后，小伙子被当地文联破格录用，也算是小有名气了。

后来，这位作家说，有时候，拒绝也是一种帮助，因为我不想折断你的翅膀。

生活中，拒绝我们求助的人，也许并没有这位作家的初衷，但结果是一样的。

如果我们不曾被拒绝，或许会慢慢习惯别人的施与，甚至将得到的帮助视为理所当然，从而失去了奋斗的信念和力量。

我们常常把在自己遇到困难时，愿意施以援手的人称为"贵人"。因为他们两肋插刀、雪中送炭，救我们于水火，让我们感受到关心和信任的温暖，理解和支持的力量。其情确实珍贵如金，值得我们铭记一生。

反过来，那些见我们落水了，求助的话尚未出口就立即搬出各种理由、借口推脱帮助，甚至招呼不打直接玩失踪的人，就常常被我们称之为"自私鬼""势利眼""没良心""见死不救"等，并庆幸自己总算看清楚了这个人的本质，从此视为仇人，老死不再往来。

实际上，我们往往过于看重或者只看到了被拒绝的消极面，忽略了其带给我们的正面冲击力。

要不是被拒绝，我们怎么会刹那长大？怎么会担起责任靠自己站起来？又怎么会在困境中保持斗志？

一切不过是因为曾被对方拒绝，深深伤害了自己的自尊罢了。

一句话安慰

一些人很幸运，在爱中成长。一些人不幸，在恨中成长。但大多数人，都必须在大大小小的"被拒绝"中经受磨砺，才能得以成长。

用交情绑架别人，实则是自己无能

我和网友海涛曾谈论香港二台前主持人梁继璋先生给儿子的"备忘录"。

梁继璋先生根据自己惨痛经历和用失败换回来的人生教训，谆谆告诫儿子："在你一生中，没有人有义务要对你好，除了我和你妈妈。"

这件事情可能令很多人都接受不了，因为我们常常这样认为——自己有困难，别人就应该帮助，尤其是自己的亲戚朋友。

抱着这样的心态，我们认为好朋友就应该帮助自己，父母就应该为自己做这做那。

可是，当我们被他们拒绝之后，就会恼羞成怒，甚至怨天尤人，感叹世风日下、人心不古，仿佛他们十恶不赦。想一想，是不是这样呢？

我曾无意间听到邻居吵架，正筹钱准备买房的女儿向自己年迈的父母喊："我还没跟你说我要向你借钱呢，你就这样连急带怕的。我是你女儿，你都不帮我。"这话着实令人寒心。

梁继璋先生说"除了我和你妈妈"没有人有义务对你好，我觉得这话已经很宽宥了。

其实，父母为孩子所做的一切，完全是他们作为父母"释放爱"的需要，是他们主动对我们付出爱且不求回报的。

我们作为一个独立的个体，从我们出生那刻起，我就是我，你就是你，不隶属于任何人。到了我们成年的时候，我们的人生只能由自己负责。

所以，要记住：在这个世界上，没有任何人欠你什么，没有人有义务无条件地帮你，包括你的父母、亲人。

海涛还跟我讲了这样一个小事。

炎热的夏天，一群人到峡谷漂流。其中一个女孩在玩水时丢了拖鞋。上岸后，他们需要走很长一段路才能到目的地，可是，路上全是晒得烫脚的鹅卵石。

于是，爱撒娇的女孩习惯性地向别人求助。每个人都只有一双拖鞋，自然没有人愿意借给她。女孩觉得这些人见死不救，不够朋友，于是哭闹起来。

后来，一个男孩将自己的鞋给了她，然后赤脚走在滚烫的鹅卵石上。到达目的地后，女孩向男孩表示感谢，并大谈其他人"没有同情心""心肠硬"。

男孩沉思了一会，说道："你要记住，没有人是必须要帮你的。帮你是出于交情，不帮你是应该。"

当我们寻求帮助时，大家都怕被拒绝。当真的被拒绝后，很多人都呼号，比如"这件事你应该配合"，"你应该这么做"，"你不能不帮我"……

"爱心大使"丛飞家财散尽、身患癌症、生命垂危的时候，那些曾受他资助读完大学并已经有了一定经济基础的人，却没有一个人过来看望他。而那些正在接受他资助的学生家长反而打电话来说："你不是说好要将我的孩子供到大学毕业吗？他现在还在读初中，你就不肯出钱了？这不是坑人吗？"或许10年来，丛飞并没有希望得到受助者的什么报答。但是，在生命的最后时刻听到这样的话，他绝不可能不伤心。

当我们习惯了一个人对自己好，便认为这是理所当然的。当有一天这个人不对我们好了，我们便会怨怼。其实，这并不是别人不好，而是我们要求的多了。

那些受资助的孩子和孩子的家长为什么不将心比心地想想：若是你遇到这样的诘问，我想你不禁也会反问："我为什么不得不帮你？我有必须帮助你的义务吗？"其实，事情就是这么简单——从来没有"必须帮"这一说法。

如果别人帮助我们，我们要心怀感激，并真心回报。如果别人没有帮你，那是很正常的事情，不要把自己当成"被害者"，接下来你需要做的是努力靠自己。

记得半年前，和大学同学聚会。饭桌上，大家都免不了谈及工作上的事情。一位同学因为换了新环境，工作遇到了瓶颈，感觉没了动力，很是痛苦。席间有人问她有没有找同事帮助，她抱怨说刚开始上司还主动问她有没有问题，后来就再也没问了，而且同事之间竞争很激烈，问同事估计也不愿意帮忙。

职场上，我们常常会碰到这种事情。其实，当你的工作遇到了麻烦，你首先想的应该是自己有没有能力去解决它，并且用尽各种方法去解决它，而不是茫然地寻找别人的帮助。

说得再现实一点，每个人的工作都是自己的事情，别人没有义务帮你完成。如果你希望遇到困难时都能得到别人的帮助，那你是否愿意把自己的工资也和帮助你的人分享呢？

当然，谁都不愿意。再者，能拥有一个没有钩心斗角的工作氛围就已经是万幸了，哪里还要奢求他人对你无私的帮助呢？

事情就是这么简单。当别人拒绝你，你要用平常心去看待，因为别人没有义务帮助你。他帮了你，那可能是因为你们有交情，有友谊，有利害关系或者仅仅因为他乐于助人；他不帮你，不需追究是什么原因，因为这也是再正常不过的事情。

你需要做的是，在被拒绝之后，从抱怨、愤懑、感伤中解脱出来，真正看清现实，改变自己的困境。

一句话安慰

人情是相互的，只有你能帮别人搞定一些事，别人才会帮你搞定一些事。

拒绝你，就是在激发你的潜能

古代小说中常常讲到家道中落的贫寒书生被未婚妻那嫌贫爱富的父亲嫌弃，而书生在被赶出门后发誓一定要考取状元，娶个公主，让别人不敢小觑。

现在想来，这种"拒绝"不知道成就了多少状元、探花呢？

好友阿震上大学时算是个"花花公子"，因此当他说自己正在和以文静和学习好著称的阿月谈恋爱的时候，谁都不看好这段恋情。

不过，令人大跌眼镜的是，两人从花前月下，到结婚生子的今天，一路恩爱。

当我们谈起当年的"不看好"，阿震竟也笑着说自己当年若非认真对待，说不定真的会很快分手。不过，变故就出在阿月的老爸身上。

当得知女儿和花心的阿震谈恋爱，阿月的爸爸就极力阻挠。他把阿震揍了一顿，留下话说："这么弱，连我女儿都保护不了，你凭什么喜欢她？"

年轻气盛的阿震不甘心，一面拼命对阿月好，一面锻炼身体挑战女朋友的老爸。

半个月后，阿震开始努力学习书本知识，当年阿月的学习成绩排名年级第一，而阿震排名年级300名之后。

遭到女朋友父亲嘲笑的阿震，决定考到年级前10名，以证明自己配得上阿月。

结果，阿震就是在和准岳父的"斗智斗勇"中，渐渐地从一个"花花公子"变成了爱妻如命的好男人，成绩好、工作好、会做饭、不花心，还顾家……

阿震说，儿子满月时，岳父酒醉后坦言："你当时年轻气盛，我揍你，你就锻炼身体；我嘲笑你学习不好没前途，你就上进学习。慢慢地，我就发现，我越是反对你们俩在一块，你和阿月就越好。因此，即便我后来很喜欢你，还是装着排斥你。你也别恨我，你想想我的排斥和拒绝，是不是让你懂得珍惜阿月和你们的感情，是不是让你激发了自己的潜能？"阿震沉默许久，点头称是。

听完这个"岳父的诡计"，我和朋友们都很默然。很多人在面对别人的拒绝时，都会感到郁闷、难堪，甚至失去信心。可是，试想，这些拒绝何尝没有起到"激将"的作用呢？

还记得《背后的故事》里节目主持人采访吴孟达，问他在人生中最让他感动、难忘的是什么？吴孟达说的是周润发的善意拒绝。

据说，当年吴孟达仗着点儿小聪明，拍戏既不认真也不守时。出名后，因为花天酒地、豪赌狂输，他竟欠下银行30多万港币的债务。也正因为此，重形象的香港无线电视台决定不再请他拍戏。走投无路的吴孟达不得不向自己最好的朋友周润发借钱，结果周润发拒绝了他。

不久，吴孟达在濒临绝望之际却接到了电视台请他继续去拍戏的电话。

为了这一线生机，吴孟达对每一个角色都十分投入，甚至还自发阅读了大量的表演类书籍。后来，他还清了债务，还获得了"金牌配角"的美誉。

多年后，吴孟达才知道，是拒绝借钱的周润发帮他争取了回来拍戏的机会。

吴孟达后来说，拿出30万港币对周润发来说并不难。但在当时，"也许借给我再多的钱也无济于事，我或许都会拿去赌掉，这非但不能真正帮到我，反而更加害了我。于是，他拒绝了我。不过，周润发的善意拒绝改变了我人生的轨迹。"

危急时候的拒绝，或许残酷无情，但是这种拒绝更给那些或抱有侥幸或迷失自我的人们竖起了一面审视自己、超越自己的镜子。一个"被拒绝"的人如果能看清楚"此路不通"，并在反省中调整自己，那就有可能创造出更好的生活。

不知道你有没有办签证的经历？我的一位同学方童申请上美国斯坦福大学，第一次被拒签是因为英语不行，第二次是因为奖学金不足，第三次和第四次甚至没有原因。

面对签证官的拒签，方童苦练口语，把自己的专业术语和签证官可能会问及的问题练得纯熟；针对奖学金的问题，内向的他开始频繁地同斯坦福大学联系。

终于，到第五次时，准备充足、自信满满的方童得到了签证。签证官最后说道："我很高兴，你与以前不同了。"

被拒绝后的失意和伤心是可以理解的，但是这是没有意义的。恋情被反对，你不必暴跳如雷，不妨把自己的潜能挖掘出来，成长为"状元郎"。那时，谁还会来反对你的爱情呢？当你遇到别人的否定和不帮助，你不妨把这"拒绝"当作是奋斗的动力。

一句话安慰

有句名言说得好，上帝的延迟并不等于上帝的拒绝。

没有人能真正帮你，除了你自己

"佛祖保佑，菩萨保佑，希望今年我能顺利考上北大国贸系研究生，我磕头了。"这是3月初我陪朋友到雍和宫参观时见到的一幕场景。

那天雍和宫内人头攒动，香火旺盛。我一问才知，因为各大高校的考研分数线开始陆续公布，所以很多考研的学生纷纷赶到雍和宫烧香祈祷。

这位大学生不好意思地跟我说，虽然自己已经在网络论坛的"考研烧香帖"上虔诚"烧香"了，但是为求心安，他还是决定到雍和宫恭恭敬敬地焚香拜佛。

说起烧香，我就想起侄女到卧佛寺磕头的事情。因为"卧佛"和"offer"（录取通知）谐音，因此很多申请出国留学的人纷纷到香山卧佛寺去。因为寺里不允许烧香，所以，想出国留学的侄女就决定在佛像前磕头许愿。

"恋"上烧香拜佛，未必是因为大家都"信命"，很大原因是大家都太不相信自己了。一个没自信、没安全感的人自然会对未知的情况感觉恐惧。于是，他开始求助于外界安慰或帮助。

烧香作为一种求得心理安慰的行为，本身无伤大雅，但是，我们得知道：事情是好是坏都是你自己努力的结果。

无论做什么事情，你都要相信自己，因为没有人能真正帮你，除了你自己。正如雍和宫的一位工作人员所提醒的那样："你来烧香可以，但最后还得靠你自己的成绩。"

我时常看孩子们在小区公园里嬉闹。一个男孩大喊："我是奥特曼。"然后他冲过去和另一个男孩扭打起来。

事实上，虽然我们也总是在假扮游戏中说"我是孙悟空""我是上帝"等，但是大多数人只是在潜意识里希望得到这些神灵的帮助或者庇佑，而很少有人会认为自己就是自己的神。

向来喜欢探险的美国同事米勒曾对我讲过18世纪俄国历史上最著名的探险家鲍尔士的故事。

1895年春，鲍尔士和瑞典探险家欧文·姆斯一同去北极考察和探险。

在翻越楚可奇山脉时，欧文·姆斯摔断了腿，所以两人走了一年零三个月才成功返回。临分手时，欧文·姆斯再三感谢鲍尔士一路上给予他的照顾，认为没有鲍尔士的帮助一切简直是不可想象的。

但是，鲍尔士却回答说："绝境中真正帮助你的是你自己，你用一条腿翻过了最狭窄的山道。我没给你任何真正意义上的支持，谈何感激呢？"

据说，后来鲍尔士曾在致欧文·姆斯的一封信上说道，在探险的道路上，你要记住你就是你自己的神，你就是你自己的命运。他强调，没有人能对你具有最终的支配权，同时，除你之外，也没有人能哄骗你离开最后的成功。

面对难题，我们每个人都会不约而同地、习惯性地想："如果有谁来帮我一把就好了。"但是，如果真有一条成功的经验可以放之四海而皆准的话，那就是"你是自己的神"，真正的上帝就是你自己。

我曾看过一篇博文，讲一个自创企业倒闭后负债累累、离开妻女到处流浪的流浪者拿着《自信心》一书找到书的作者罗伯特·菲利浦寻求帮助。

这个流浪汉的"眼神里充满了迷茫"，"皱纹里充满了沮丧"，完全一蹶不振。

耐心听完他的故事后，罗伯特说："我好像帮不上你什么忙，但我相信有一个人能够帮助你，他可以帮助你赚回你所损失的钱，并且协助你东山再起。"

罗伯特带着急切的流浪汉来到一面高大的镜子前，指着镜子中的流浪汉说："就是这个人，在这世界上，只有他能让你东山再起。"流浪汉认为这是在开玩笑，很生气。

但是，他在听完罗伯特的话后感慨得痛哭不已。罗伯特说的是："你必须重新、彻底地认识自己，否则，你只能跳进密歇根湖里，因为在你对这个人做充分的认识之前，对于你自己或这个世界来说，你都将是一个没有任何价值的废物。"

这话就像当头棒喝。没有人能帮助你什么，全世界只有你能帮自己东山再起。而我们只有真的做到了"认识你自己"，才能相信自己。可不幸的是，大多数人都没有做到阿波罗神庙所刻的这一句箴言，也无法鼓起勇气去直接面对，反而求助于其他人的帮助。

关于那个故事的结尾是，流浪汉在痛哭之后重新找回了自己。数年后，他成了芝加哥的富豪。

记得电影《魔鬼末日》中的神父说过，"上帝没说不救你，上帝是让你自己拯救你自己"。换言之，人的上帝就是自己。况且，我们自己动手，造天造地，不正也是"造物主"吗?

因此，当你有所祈求或寄托的时候，不必烧香拜佛，不妨就依靠自己，自己帮助自己吧。

一句话安慰

人必自助，然后天助之；人必自辱，然后人辱之。

能保持站立的姿态，就别俯身乞怜

我曾在北京西单的街头见一男子跪地，面前摆着纸，上面写着因工作不顺，无钱返乡，求好心人施舍钱财。

乞讨这事，我们谁都碰到过，无论是心生怜悯还是社会责任使然，觉得自己有能力帮就帮。

但是，我不免想这个男子四肢健全，无病无灾的，为什么不去找个活干呢？就算是给餐馆刷盘子，给工地做小工，最起码能让自己吃饱饭，有钱买车票钱吧。

谁知，一个月后，在同一地方我又遇到了正在乞讨的他。我这下直接就伤心了。

常言说"男儿膝下有黄金"。要一个人跪下来那是多伤自尊的一件事，所以朋友常说跪着祈求别人的怜悯是需要勇气的，至少他就没有这样的勇气。

可是，既然乞丐有这样的勇气，肯舍尊严，那这世上还有什么事情做不成，为什么一定要选择乞讨呢？

曾经看到过这样一个故事，说右手连同整条手臂都断掉了的乞丐敲门乞讨。女主人了解原委之后，指着门前一堆砖对乞丐说："你帮我把这堆砖搬到屋后去吧。"乞丐很生气，认为这是嘲讽和刁难。

女主人就用一只手搬，演示了一番后说："你看，一只手也能干活。我能干，你为什么不能干呢？"乞丐怔住了，缓缓俯下身子，用左手搬起砖头。

两个小时后，女主人递给乞丐20元钱。乞丐很感激，但是女主人却说："这不是施舍，而是你凭力气挣的工钱。"

很多年后，乞丐变成了气度非凡的大老板，他回来感谢女主人当年的激励，不过女主人仍说那是他自己的功劳。

一个跪着乞讨的人并不是真的什么都不能做的。与其跪着乞求别人的怜悯，还不如让自己强大起来。

有句话说，这个社会不相信眼泪，那么这个社会相信什么？

相信自食其力，相信坚强坚持，乞求怜悯得来的东西那不过是廉价的嗟来之食。

除了乞讨金钱，下跪求职也许更让世人难以接受。

据新闻报道，湖南某高校一名2007届历史专业的研究生在求职时，竟当场跪倒在湖南环境生物职业技术学院院长的面前，请求院长给他一个工作机会。

研究生都要为求职下跪了，难道就业现实真的那么残酷吗？显然不是。如果真的这么残酷，那本科生和没学历的人都怎么生活了？一个正常人，凭借自己的双手都可以拥有较好的生活，何况是一个读书多年的研究生呢？

与这个湖南的研究生相比，一个新疆的研究生则做得比他好多了。他在求职时也多次碰壁，但是，他并没有垂头丧气，反而转换思路，在一家足疗店里工作。

与其下跪乞求怜悯，大多数人会更赞赏后者的做法。

我们常常说恋爱中的人是卑微到尘土里，其中幸运的人像尘土里开出的花朵，而不幸运的人就只能远观这份和自己无缘的爱情。

其实，在爱情里，当你爱上一个人，心甘情愿为对方做所有不堪的事情，都值得被喝彩。

但是，如果你跪着向早已无望的爱情乞求，那么还不如早点儿离开；与其在未来的某一天被甩，那还不如早点儿"投资"自己。

侄女的闺密丽丽和男友张杰同居了，并说好等张杰事业有成就结婚。

开始两人的日子如胶似漆，让旁人看了都羡慕不已。但是，半年后，张杰一直以加班为由回来得越来越晚，而且每次回来身上都有一股香水味。

深深爱上了张杰的丽丽不想分手，决定委曲求全，努力挽回张杰的心。她不但把家收拾得干干净净，还把张杰的衣服熨得笔挺，甚至为了抓住男人的心，开始下厨学做各种菜。

但是，这一切并没有令张杰改变，丽丽只有把苦楚吞进肚子里。

当侄女看到以前连碗都不洗的闺密在洗马桶的时候，她心痛不已。痛哭之后的丽丽幡然明白，既然对方已经变心了，自己再怎么乞求爱都是没有用的。

如果连自己都看不起自己，都不爱惜自己，又如何能得到别人的珍惜呢？

现在，很多女人为了不"被离婚"，对老公体贴入微，对外面的女人防来防去，成天战战兢兢，我真是觉得她们实在太辛苦了。

事实上，夫妻间的感情真不是光靠一双警惕的眼睛就能维系的。

你要想长久征服一个男人，永远不被心爱的人抛弃，那么你就要具有某种资本。从现在开始投资自己，提升你的女人味，提升自己的能力。这样男人才会爱你，离不开你。

没有谁能靠别人的怜悯过一辈子。况且，无论你跪着乞讨什么，那也只能是仰视别人。

既然一个人能抛开自尊，跪下祈求别人，那何不把勇气用在站着平视上呢？

一句话安慰

一个依靠自己能力站立起来的人更值得尊重。

用志气顶住别人落下的石头

绰号"答案"的阿伦·艾弗森是 NBA 历史上最矮的状元秀。

这位被万千球迷所喜爱的后卫，2010 年过得相当凄惨。因为就在被老东家费城 76 人队弃用的同一天，他的太太也向法院递交了离婚申请。虽然以艾弗森的能力再找一个下家不难，但是支付巨额的离婚费用和子女的抚养费也让他感到力不从心。

墙倒众人推，这还不是最糟的。

一向跟他私交不错的记者也在这时歪曲事实，"黑"了他一把，称他在女儿生病期间未进行照顾，反而烂醉豪赌。

作为球迷眼中的神，艾弗森落到这步田地很令我感伤。

我们常以为当自己陷入困境的时候，那些说好同甘共苦的亲友会在一旁支持鼓励，共渡难关。但是，事实是，相对于伸出援手的人，扔石头、抢好处、下黑手的人更多。

人有旦夕祸福，事业、工作和生活常常会有不顺心的时候。此时，如果朋友、同事，甚至是亲人没有伸出双手相帮，反而为了私利对你嘲讽讥笑、落井下石，你要怎么办呢？

战国时的苏秦出身农家，师从鬼谷子，但是，出游数年却一无所成。

返乡后，他遭到亲友的讥讽，"妻不下纴，嫂不为炊，父母不与言"。于是苏秦更是下定决心要做一番大事业。

他闭门读书，遇困乏用锥刺股。后来，他以精彩辞令劝说六国联合，最后身佩六国相印。可以说，亲友的奚落也给苏秦的成功起到了刺激和促进的作用。

有一句俗语说："不蒸包子，争口气。"当深陷困境、孤立无援时，甚至被冷眼嘲讽、诬赖陷害，你要把伤痛、怨天尤人、厌世悲观都放在一边。最重要的是站起来，挺直腰杆，用自己的成就让那些往你身上泼污水和砸石头的人瞠目结舌。

朋友徐路曾说，以前看电视剧上讲破产后的世态炎凉觉得夸张了，经历了才知道就是这样。

年初，徐路对公司的业务员承诺，如果今年他们的业绩能比上一年增加20%，就对他们进行嘉奖。冲着这话，不少人鼓足了干劲，到年底完成了任务。

可是，那年灾难不断。先是因为地震，公司损失了几十万元，而后结婚10年的妻子也要求离婚。

徐路分身乏术，公司也面临着倒闭，而很多和他往来的商界朋友也纷纷追讨货款。

年末，徐路到处借钱，甚至卖房给员工发了工资。

不过，承诺过的奖金的确无能为力了。虽然他表示会在欠款追回后兑现诺言，大部分人都理解。但是其中一名业务员却认为公司已经完了，老板这是推脱之词，因此打定主意年后辞职走人，就一直逼着徐路发奖金，甚至在大年初一带着一帮人到徐路家里找晦气，大吵大闹。

徐路哪里还有时间消沉，他每天想的就是怎么渡过难关，让那些势利小人无话可说。果然，过了年，徐路凭借着地震损失赔款和一笔大生意，使公司绝处逢生，还上了一层楼。而那名闹事的员工非常羞愧，不得不自动离职。

当你落难，那些臭鸡蛋、烂菜叶和硬石头可能随之而来。就像柳宗元，在淡泊自许、自嘲消沉的情况下，竟然还被政敌穷追不舍，以致死不瞑目，足可见"落井下石"的厉害。

所以，逃避并不是办法，妥协并非良方。失意了，并不代表你就此落魄了。

我们不是常说风水轮流转吗？那你跌倒了，不妨就"偏执"一回，把旁人的冷嘲热讽当做工作奋斗的动力，再爬起来，再站起来。

一句话安慰

要克服失落和失意，坚决不失志，在心态上要拿得起、放得下。

哪怕力不从心，也要尽力而为

我曾经读过小说《绿墨水》。小说里，一位父亲为了使女儿有勇气面对生活，就以女儿同班男生的名义给她写了许多封匿名的求爱信。女儿在读了这一封一封的信后，重新燃起了对生活的希望。

在感动之余，我也常常思考，我们似乎总是习惯于从别人那里得到肯定。但是，你的一生中必有一个孤立无援的时刻，那时候怎么办呢？

我记得有这样一个有趣的实验：

为了了解南瓜能够承受多大的压力，美国麻省理工学院的研究人员曾用铁圈将一个小南瓜整个箍住，以观察当南瓜逐渐长大时，对这个铁圈产生的压力有多大。

最后，实验结果表明，整个南瓜在承受了超过5000磅的压力后才发生瓜皮破裂的情况，这个结果远远超出了人们的估值10倍之多。

当研究人员打开南瓜，他们发现中间布满了坚韧牢固的层层纤维，并试图想要突破包围它的铁圈。而且，为了吸收充分的养分，南瓜的根往不同的方向伸展，控制了整个花园的大部分土壤与资源。

为什么这个南瓜在孤立无援的时候，还这么顽强，这么努力争取生存的空间呢？

也许，这就是生命本身的信念。这一点也不高深，就像无论在哪里种子都要破土出芽一样。

但是，为什么很多人在被环境限制，陷入孤立无援的时候，会气馁自杀呢？可能他们丧失了生命的"生"的信念和希望吧。

我曾听过一个音乐家的轶事。他不幸被下放到农村铡了七年草，等到平反时，并没有像其他人一样憔悴显老。别人请教他是怎么做到的，这位音乐家笑着回答："怎么会老呢？每天铡草我都是按4/4拍铡的。"

我之所以喜欢这个故事，也正是因为故事里的音乐家懂得怎样拯救自己，并对生活充满了希望。

博友曾经说，有时候困难并不可怕，可怕的是心灵上的冲击，巨大而无法反抗的冲击。所以，我喜欢内心强大的人，就像前文里提到的那个"我每一天都在失手"却仍每一天都继续做销售的朋友东子。

你也许不知道自己能够变得多么坚强，但是如果你失去了面对困境的信念和对生活的希望，那你会败得很快。

肯德基炸鸡连锁店的创办人桑德斯上校在65岁高龄时才开始从事这个事业。

据说，当时他孑然一身，所有的财产只有105美元，还是得自生平的第一张救济金支票。虽然极度沮丧，但是桑德斯上校开始思考出路。

几经周折后，他挨家挨户拜访美国的大小餐馆，告诉他们："我有一份上好的炸鸡秘方，如果你能采用，相信生意一定能够提升，而我希望能从增加的营业额里抽成。"

即使很多人当面嘲笑他，但是桑德斯上校还是坚持"不懈地拿出行动"的信条。他不为前一家餐馆的拒绝而懊恼，用心修正说辞，以更有效的方法去说服下一家餐馆。

在整整两年时间里，桑德斯上校驾着那辆又旧又破的老爷车，几乎走遍了美国的每一个角落。他困了，就和衣睡在后座，醒来逢人便诉说他那些点子。

在经历了1009次的拒绝后，桑德斯上校听到了第一声"同意"。于是，很久很久以后的今天，在世界各地都有了肯德基餐馆。

试想，如果在孤立无援时，你不能锲而不舍地继续下去，那就极有可能与好运失之交臂了。

据一位写传记的朋友得出的结论，那些不轻易被拒绝打败，不达成理想、目标就不罢休的人往往最后能成功。

据说，华特·迪士尼为了实现建立"地球上最欢乐之地"的美梦，四处向银行融资，足足被拒绝了302次。当我们领着孩子畅游迪士尼乐园时，不妨也想想"希望"和"信念"这些字眼。

人生中总有那么几段黑暗的隧洞需要我们独自穿行。这些隧洞本身并不可怕，可怕的是我们失去了希望，失去了奋斗的勇气。

德国诗人海涅在一首诗中动情地写道："严冬劫掠去的一切，新春会给你还来。"所以，当被拒绝，当没有搀扶你的手，没有拥着你的怀抱，请不要放弃希望，要学会顶风冒雨，高歌前行。

一句话安慰

哪怕生活中挥之不去的不快和困难将你重重包围，让你力不从心，但你仍可以尽力而为。累积点滴努力，最终你将扭转乾坤。

没有否定比没有肯定更可怕

一个喝得醉醺醺的人在路灯下拼命地找着钥匙。这时，一个路人恰巧经过，就帮他一起找。可是两人找了半天，什么也没找到。过路人问大概是在哪儿丢的钥匙。醉鬼指着街道旁边的黑暗处。过路人一惊："那你为什么不到那边去找？"醉鬼愤怒地看着他说道："为什么？因为这里比那边亮。"

我们总是想到"比较亮"的地方工作，比如那些有"世界或中国500强"光环的著名外企或银行；我们也总想得到好的职位，比如总编、总监、总裁。

有这样的梦想和志向是好事情，说明你是一个肯上进的人，将来会有大发展。

不过，也有这么一部分人，眼里唯一瞅着的就是这些带光环的好公司、好工作，一门心思去这样的单位面试，别的根本就不看。结果，因为自身的能力不足，很不幸，一次次地被拒了。

可能在奔走求职的时候，谁也没有想过这个问题，那就是虽然这些地方、公司或职位收入高、待遇好，前途远大，不过，我们的"钥匙"真的在这里吗？有时候我们应该停下来想一想：是不是有时候我们的方向错了？

我曾看过一篇关于职业规划的文章，作者开篇讲到一个大连理工大学电子学专业毕业的硕士生去应聘公关企划部部长的事。

据介绍，这个小伙子个子高，也帅气，性格阳光开朗，综合素质不错，前景很被看好。

小伙子的上一份工作是IT企业的总经理助理，主管行政和企划，月薪5000元。而他之所以应聘公关企划部部长，主要是薪水诱人，但他并非喜欢这个工作。

文章作者身为HR，本着对企业和求职者双方都负责的原则，觉得公关企划部部长的职位并不适合他，并依照他的素质和职业兴趣，帮他修正了职业发展的道路。

这个人虽然应聘被拒了，但是他找到了开启自己未来职业生涯大门的"钥匙"。

不可否认，这样的例子很多。最初，我们都不知道自己应该在哪个领域开始自己的职业生涯，于是就奔着高薪去，被拒后又因为薪酬稀里糊涂地换了几家公司，"蜻蜓点水"之后一无所成。

其实，被拒之后，我们更应该停下来思考。

试想，每个人都有自己的人生轨迹，如果盲目地比较，认为"他山总是比这山高，他人碗里的肉总是香"，那就很容易陷入误区。

我们常说："我要找到一份好的工作。"可是，什么是好工作呢？最适合自己的那份工作才是最好的。当你把最适合自己的工作做好了，那手边工作就自然变成了好工作。

我的小学同学昆峰曾经立下大誓愿，一定要考上名牌大学，还要到国外去读研究生。可是，他人生坎坷，命运多舛。落榜复读，复读落榜，如此循环三次后，他最终放弃了考大学。然而，拿着高中学历去找工作，自然也是处处碰壁。未来的出路在哪里呢？他几经思考，选择到技校学厨师。这个选择与他的大志可是差了十万八千里。

令人称奇的是，昆峰对做菜很有天分。炒爆煎炸烹，蒸煮扒烩炖，还有什么拔丝、挂霜、琉璃等都娴熟精通。

在出师后的第二年，昆峰就在全国烹饪大赛中获了奖。

现在，他是一家大酒店的大厨，月薪过万。平常人自是不能比的，反而艳羡得很，都说他找了个好工作。

你看，被拒了之后，你也许才发现自己的禀赋和才智不在你曾经追求的那一方面，就像有些人想做医生，但是很不幸他总是见血就晕。

所以，无论你多么努力，你都很有可能实现不了你所期待的目标。这时候，拒绝也许就像一盆凉水一样，可以让人在清醒之后，尽早找到最适合自己的工作。在那里，你也许可以尽情地发光发热。

现在，跳蚤族、闪跳族等高喊着"下一个会更好""树挪死，人挪活"等口号高频率地换工作。

先不说"职场跳蚤"会因为对企业的忠诚度不足和自身职业含金量缩水而备受 HR 的冷落，我想说说后悔跳槽、想吃回头草的职场人。不要怀疑，这些人并不在少数。

太太的校友陈景大学读的不是师范，但毕业后却进了一家私立学校教英语。在前辈的指点下，陈景努力学习教学技巧，取得了一定的成绩，他的英语课也深受学生们喜爱。连续几年陈景都评上了优秀教师，在家乡也小有名气。

不过，两年后，为了谋求更大的发展，陈景辞职了。虽然陈景找过很多份工作，也或长或短地创过业，但是风风雨雨闯荡几年后，陈景觉得教书才是自己最喜欢也是最适合自己的工作。

毕竟，学校是一个相对纯洁和封闭的环境，教书也是一份只要辛勤努力就会有收获的工作。所以，陈景放下了面子，再次走进了校园，重新成为一名教师。

跳槽以后，我们也常常发现以前的工作单位或工作职位才是最适合自己的。这时候，你也不要因为脸上挂不住，就把"意气"当成"志气"。回头草只要是鲜嫩肥美的，当然是要吃的。

总之，求职被拒或者遇挫，并非是一件坏事。这总比你工作了三五年，却突然发现它并不适合自己，反而使得自己缺乏专长、缺乏核心竞争力好吧。

如果被拒了，不妨停下来想一想，什么才是最合适自己的职业。

一句话安慰

只有找对了方向，选对了职业，你才有可能在某一天拥有到"比较亮"的地方工作的资本。

人生永远不会无路可走

应届毕业生们签约的最好时节即将过去了，但是小侄女馨月还没有找到合适的工作。这其中很大的原因是她坚持工作要与自己的专业对口。

馨月大学念的是环境工程，她对此很感兴趣，也觉得前景挺好，于是一心想找专业对口的相关工作。可是时运不济，她没能找到心仪的工作。

后来，家人推荐她去电信局工作，但她还是放弃了。她希望能从事专业对口的工作。

有多少人的Offer跟自己奋斗了四年的专业是完全对口的呢？

我记得某高校曾对2007年应届毕业生做过一个就业情况调查，主题是"目前您所从事的职业和您在大学所学的专业是否对口"。

调查结果显示，做"肯定"回答的近22%，选择"有关系但非本专业对口"的有37%，"不对口"的占23%，还有"完全同专业无关"的占15%，回答"其他类"的占3%。

看来，专业不对口的人真不在少数。事实上，职场中这样的例子不胜枚举。学英语的做了秘书，学IT的做了HR，学理工的做了编辑，学文秘的做了销售……

说实话，在这样的就业环境下，真不是我们想对口就能对口的。

市场的需求和大学的供给也不完全匹配，我们往往因为市场的因素而身不由己地转换专业。这种职业的转换很大一部分原因是对现实的妥协。

现在学校会告诉学生，如果能对口最好，不能的话，那就先就业再择业，先有了工作再考虑择业转换的问题。

2008年年底，朋友的孩子陈啸开始了自己的求职之路。

对未来的职场生涯充满期待的陈潇，在参加了几场大型招聘会之后备受打击。

陈啸学的是酒店专业，但是因为金融危机的影响，很多企业没有招收新员工的计划。即便有的单位有职位，但是应聘者多到可以从楼内排到楼门外几十米。陈潇投出去的简历都如石沉大海了。

意识到竞争激烈的陈潇决定把自己的视野放得更宽一点儿，尝试一下非对口专业的工作。

最后，陈潇通过了一家仪器公司的面试，开始做实验室仪器的销售。陈潇很努力，投入大量时间弥补自己专业知识的欠缺，深入学习相关的专业知识。两年过去了，现在的陈潇已经是一个自信的职场中人了。

诚然，一个人大学四年学的都是本专业的课程，如果找工作时放弃自己专业会觉得很可惜，很不甘心。这种情绪在求职的时候很容易左右我们的选择。

事实上，我觉得即使没有选择与本专业对口的工作，也不意味着是对自己的专业知识的放弃。知识之间都是融会贯通的，不同行业之间还是有一定的共性存在的，甚至你的专业知识会成为你就业时的一个优势。

另外，各种专业性的知识都会更新，即便是对口专业，你还是需要重新学习。所以说，即便专业不对口，在工作中不断学习，才能使自己的能力适应行业或者工作的需要，才能不被淘汰。现在，职场更看重的是一个人的综合能力。

在一个论坛上看过一个女生写的自己的求职经历和创业梦想。这个女生大学时读的是金融系，原本想找银行对口工作，但英语没过六级，被拒之门外。

后来就放弃了到银行工作的念头，转而做了业务员。但是对于一个刚出校门没有任何社会经验的女生来说，这份工作实在艰辛，以致最后半途而废。不久，她被同学推荐到了一个纺织品外贸小公司。在这里，她找到了自己的职业方向。

金融和服装本来风马牛不相及，可能唯一稍微有点儿关系的是对信用证还比较熟悉，其他的这个女生什么也不会。但是在叠布样、整理样品的过程中她非常用心，渐渐获得了老板的赏识，也慢慢开始有了在服装行业创业的想法。

于是，她更加留心服装、布料的专业知识，也更加留心学习老板怎么和客户交流，并且到工厂里了解面料和服装工艺知识。现在她离自己的创业梦想越来越近了。

社会是个大舞台，如果你被关在了一扇门外，那么请相信还有很多扇门朝你敞开着。只要你能够适应并能够根据自己的性格和个人特点选择职业和行业，那慢慢地你可能就有了自己的事业。

一句话安慰

人的一生是由失意与得意交叉组合而成的。如果能在失意之时独辟蹊径，或许能够柳暗花明。

被拒绝，也是别人对你的一种肯定

又是一个求职旺季，这点从各大高校 BBS 和求职网站上的发帖就可以看出来。每天都有大把多次投递简历，不断面试都不成功，但是仍然不气馁的"拒无霸"在论坛上大吐苦水，有失望的，有无奈的，有愤愤不平的，还有听天由命的……

无论做什么，被别人拒绝，我们要么觉得是对方评判标准的问题，心生抱怨，要么认为自己做得还不够好，想办法去改善。却忽略了，别人传达给你的负面信息，也隐含着正面的肯定。

我曾在网络上看到一篇博文，文章中说自己对于一位老外所说的"你个人的项目，应该有四分之一的可能会失败，否则就说明你的冒险精神不够"倍感震惊。

我们知道外国人很喜欢挑战和探险，而且，他们看问题的角度和我们不一样，老外常常把它们理解成为积极进取的结果。

确实如此，只有精力充沛、意志顽强的人，才会在一次又一次失败的基础上重新站起来，因为他总是在不懈地挑战和超越。所以，我们不必把个人的失败看得太重，更不必畏首畏尾。

博主接着写了另一位创业家克里斯当初的求职经历。

创业家克里斯八年前找工作时，四处碰壁。他投了几百份简历，但杳无音讯。

不过，许多年后克里斯觉得这段经历对自己的职业生涯帮助最大，因为这些挫折让他的脸皮变厚了。他更加大胆地去找工作，最终有一家公司选中了他，从此他踏上了事业起飞的坦途。

克里斯认为一个人遭遇挫折并不是坏事。因为我们人生的最终结果是一个极大值函数，也就是所有尝试中最成功的一次，而不是一个平均值。他说："如果你不是每天被拒绝，那就说明你的人生目标不够远大。"

你是不是每天都在尝试？是不是每天都在失败，都在被拒绝呢？如果是这样的话，那你也不必愁眉苦脸的了。这些肯定和拒绝从另一个角度来看，何尝不是对你的勇气和进取精神新的肯定和赞誉？

如果把成功理解成一个终结性的结果，那成功就是达成所设定的目标。但是如果把成功当成一个过程，我比较喜欢丘吉尔所说的"所谓成功，就是不停地经历失败，并且始终保持热情"。这么来看的话，当我们失败的时候，也是在迈向成功了。

说到底，找工作本身是一个反复自我肯定和否定的过程。总是被拒，的确很郁闷。但是古话说得好，有得必有失，有失必有得。"被拒绝"虽然不一定就是你的错，但是它就像一面镜子，可以让你看到自己的优点和不足，然后提高自己的能力，调整自己的心态。

我毕业找工作那会，什么技巧也不懂，简历也不像现在年轻人做得那么新颖别致，实习经验也不丰富。当我第一次去面试的时候，那家单位的主管觉得我不太合适，把我委婉拒绝了。

不过，在和对方交谈的半个小时里，他很友好地指出了我的简历存在的问题，还有我回答提问时不对的地方，比如说参与集体活动，部门人际关系等。虽然我没能进入那家公司，但是这次面试至少让有些胆怯的我有了勇气。

第二次面试，我去得突然，没有预约，结果对方的HR很不高兴。于是，我注意到了"提前预约"如此重要。

其实，有时候找工作也像谈恋爱。初恋时不懂爱情，更不懂相处，小吵小闹就分手了。再恋时，你知道怎么体贴人、改掉坏毛病，怎么宽容理解，往后成功率就高点儿。

而且，和一个学音乐的人谈恋爱，你可能学会了弹钢琴；和一个做医生的人交往，你可能知道如何急救和身体保健。

所以说，到处都有机遇，每一次被拒都不是悲剧，而是有肯定价值的。

我曾看过一个关于张文举先生的故事，说张先生从小的理想就是成为一名作家。于是他坚持写作，并充满希望地把这些作品投给各地的报纸杂志。

遗憾的是，他虽然写了很多文章，却一篇都没有刊登出来，甚至连一封退稿信都没有收到。

很多年后的一天，张先生终于收到了一封退稿信。信中说虽然张先生很努力，但是他将很难在写作方面有所成就。不过，编辑认为张文举先生的钢笔字写得越来越好，建议向书法方面转转。

受到这封退稿信的启发，张文举先生毅然放弃了写作，练起了钢笔书法。现在，他是有名的硬笔书法家。

据说，曾获得诺贝尔化学奖的奥托·瓦拉赫也是先后被文学和艺术拒之门外之后，因为做事一丝不苟，最终踏进了化学的领域。

看来，遭遇到拒绝真的不完全是坏事，也许这里就有另一种肯定呢！

一个跳高选手的失败，往往是因为他每天都在挑战新的高度；一个举重选手的失败，往往是因为他总是在尝试新的重量；一个短跑选手的失败，往往是因为他每天都在超越自己的极限速度。

没有失败、拒绝、否定，只能说明你没有挑战、尝试、超越。所以，即便你今天是个"拒无霸"，但在求职路上历经挫折的你，终会有好归宿的。

记住，不要害怕被拒绝，这其实是对你的肯定和褒扬。

一句话安慰

没有失败、拒绝、否定，只能说明你没有挑战、尝试、超越。

靠山山倒，靠人人倒，求人莫若求己

虽然我精通计算机，不过比较失败的是，我怎么也无法教会自己的太太应对电脑出现的各种问题。于是，我时常在太太的召唤中化身"骑士"，通过杀毒、卸载软件、重装系统、磁盘分区等把她的电脑规整好。

不过，有一次，当我结束一周的出差，太太却乐呵呵地向我炫耀说自己已经驾驭了笔记本电脑，并声称"也不是那么难"。

原来，在我出差的第三天，太太的电脑系统崩溃了。没有了"骑士"，意识到靠山山倒的太太决定自力更生。

于是，她找出家里的系统盘，按照我给她买的那本计算机书籍，开始研究。一天之后，太太终于一步一步地自救成功。

我们似乎都有一种惰性，不想努力，习惯性地依赖别人。加上"靠山吃山，靠水吃水""在家靠父母，出门靠朋友"等观念的宣扬，遇到困难我们更习惯打电话去求人。

我当然不否认人脉的重要性，我要说的是，无论靠谁，转了一圈之后，你会发现最后你都得靠自己。

清代的和珅是乾隆皇帝身边的红人，权倾朝野，其贪污的金银财宝相当于朝廷十五年的财政收入。可是，乾隆死后的第二天，和珅就被嘉庆皇帝撤职了。短短半个月，和珅就被抄家、审讯，下诏赐死。

你看，不管是什么人，不论其有多高的地位、多大的权势、多牛的能耐，都是有限的存在。即使如皇帝这种靠山，也不能保谁一辈子吃香的、喝辣的。而且，任何关系都是动态的，今天是靠山，明天就可能是你丧命的毒药。

因此，我很是赞同郑渊洁先生说的，"人活着最好别找山靠，或叫作找靠山。靠自己最踏实，自己倒了不会砸着自己，只会砸着靠你的人。靠山不重要，靠谱最重要。天上地下，唯我独尊"。我曾在论坛里看过一个帖子，帖子说："看完《苹果》发现，男人靠不住；看完《色戒》发现，女人靠不住；看完《投名状》发现，兄弟靠不住；看完《妈妈再爱我一次》发现，老爸靠不住；看完《新警察故事》发现，儿子靠不住……看完《长江7号》发现，地球人靠不住；看完《变形金刚》发现，外星人也靠不住；看完《黑客帝国》发现，一切现实都靠不住。结论：只有自己靠得住。"

父母会老，朋友会各奔东西，还有谁会形影不离地跟随你一生，真心维护你一生呢？答案就是你自己。

就像你能做什么工作，能发展到什么程度，能过什么样的生活也是别人无法改变的，最终还是要由你自己来准备、决定、实践和完成的。把自己变得靠谱一点儿，这才是王道。人必先自助，然后天才助之。

网友莫萱在赴美一年后给我发来了邮件。邮件开篇讲到了我们以前讨论过的一个故事，说有个人遇到了难事，便去寺庙里拜观音。

在庙里，有一个跟观音一模一样的人在拜观音像。于是，这个人问："你是观音吗？"对方说"是。"这人就问他："那你为什么还拜自己。"观音笑着说："我也遇到了难事，但我知道，求人不如求己。"

莫萱之所以讲到这个故事是因为她终于知道了求己的重要性。原本，莫萱赴美是为了和分别三年、在美留学的丈夫团聚的，结果到了美国，等到的是丈夫的离婚协议书。而丈夫更准备在离婚后和美国女友再婚。这个打击让莫萱难以接受，她病倒后仍一心想挽回丈夫的心。无奈郎心似铁，对丈夫绝望的莫萱同意了离婚。

梦醒之后，莫萱不愿意这么狼狈地逃离美国。她说："我再也不能靠别人了，这个世道，靠人人倒、靠树树倒，只有靠自己永远不会倒。"于是，独自生活的她先到免费的成人学校学英语，又到大学里参加了护理课程的学习。

现在，拿到了美国助理护士执照的莫萱正准备留在美国工作生活。

到底谁能拯救你？答案是只有自己拯救自己，而且也只有自助了才能天助。这就像你在森林里迷了路，你走了两天还找不到出路。突然前面有个人，你满心欣喜地认为他是救星。可是，说不定，他比你迷路的时间更久。找人指点迷津不如靠你自己。

"一片绿荫如洗，护竹何劳荆杞。仍将竹做篱笆，求人不如求己。"不妨如诗中所云，自己的事情自己勇敢面对、勇敢解决吧。

一句话安慰

凡事能自为则自为，不要轻易求人；能独自完成则独自完成，不要轻易放弃。

第 5 章
CHAPTER FIVE

职场不输阵：

禁得起折腾，才扛得起重任

工作需要不断改进，事情需要不断完善，
成功需要一波三折。放平心态才能担起重任，
人才不是选出来的，是折腾出来的。

有能力的人从不会抱怨怀才不遇

午休时，我曾偶然听到新同事阿亮打电话向朋友抱怨命运不公，宣称自己怀才不遇，并诉说上司对自己的刻意刁难。

老实说，我们的上司是做技术的，属于做人做事高标准严要求的那种，因此难免给人很苛刻、难相处的印象。

但是，要说上司是不是伯乐，我认为不算一个，那也算是大半个，毕竟部门里大部分"牛人"都是上司选中，然后严苛培养出来的。所以，阿亮的怀才不遇之说有点儿立不住脚，多半是上月挨批之后安慰自己之词。

说起怀才不遇，我就想起韩寒那句话——"怀才如怀孕，时间久了，才能看出来"。这句话很形象也很精辟。但是，现在的老板们别的本事没有，可无限开发你的潜能，把"男人当牲口用，把女人当男人用"，把你用到你自己都不敢相信的地步的能力他们还是有的。

因此，如果你真是一个有才的人，眼尖的老板可能一个月就能发现你的能力和价值，眼力一般的半年就能明白。所以，遇与不遇不是上司的问题，而是你自己是否真的是一块"真金璞玉"。

侄女的同事方娜原本在公司行政部工作，因为怀孕生子休了半年假。

重新上班时，原岗位已经有人了，人事部就暂时把她安排到了总务后勤部门。方娜对此非常不满，觉得自己被轻视了，常常抱着怀才不遇的情绪上班。

总务部的张经理很严苛，所以方娜在新部门的工作也不顺利。愤怒的方娜为了表达自己的无声抗议，每天总是踩着点儿上班。

侄女还曾好心建议她提前十分钟去，否则很容易迟到的。结果对方却愤恨地回答，去早了也不给加工资。

后来，方娜的上司让她组织一次部门活动，方娜不会做也不问同事。结果活动出了纰漏，责任追究下来，方娜受到了主管的批评。这下她更感觉委屈了。

你看，所谓怀才不遇不过是失败者给自己的安慰之词罢了。诸如这个社会太不公平、我没有文凭、我长得不漂亮、我没有关系、我讨厌吹牛拍马、我太善良、我憎恨尔虞我诈、如果给我机遇，我也会做出成绩等，听起来似乎有理，但其实只是失败者逃避现实、安于现状的借口。所以，怀才不遇多半是自己的问题，要想得到上司的重视，你自然也要从自己入手。

我曾看过这样一个故事，说一个自认为在学修方面是全才的小和尚到各地寺庙讲法却屡屡碰壁。

小和尚的抱负没地方施展，认为自己怀才不遇，日渐消极悲观，还常常感叹："我明明是一匹千里马，怎么没有伯乐赏识呢？"后来，小和尚忍受不了不受重视和不被认可的煎熬，决定投海自尽。

一位过路的老禅师拦住了他。听了小和尚跳海的原因，老禅师缓缓地从脚下捡起一粒沙子，然后拿给小和尚看，接着又随手把沙子扔在了沙滩上。接着，老禅师让小和尚把他扔掉的沙子捡起来。

　　小和尚生气地说，这根本不可能。于是，老禅师从口袋里掏出一颗璀璨的珍珠，随手扔在沙滩上，然后对小和尚说："如果我让你把这颗珍珠捡起来，你觉得可能吗？"小和尚点点头。

　　老禅师意味深长地对小和尚说："你应该明白，现在没有人认可你，是因为你可能只是一粒沙子，还不是一颗璀璨的珍珠。如果想要得到别人承认，那你只有想办法把自己变成一颗珍珠才行。"

　　在职场上，我们很容易会把自己没有受到重视的原因归结为严苛的上司不识人才。但是，你有没有想过上司为什么不赏识你。如果你把自己的每项工作都做好了，做出成绩了，上司难道还会没事找事"刁难"你吗？事实是，你可能只是自认为有才，却连自己最基本的工作都做不好。

　　说句难听的话，按照"怀才如怀孕"的说法，要是十个月你都没有被人看出有才，那么不是别人的眼神不好，而是你可能压根就没有怀上。如果你"假怀孕"却还坚持要享受"孕妇"的好待遇，那上司怎么可能不对你严苛、挑剔、刁难！

　　据说，俄罗斯国家队的10号阿尔沙文在2008年欧洲杯之前只不过是一名普通球员，虽然脚下有点功夫，但因种种原因无法入围欧洲四大联赛，自然也就无法成就个人伟业。

　　但是，阿尔沙文并没有气馁，而是苦练内功，先是在联盟杯上让欧洲人眼睛一亮，然后在2008年欧洲杯上再次向世界显示了自己的能力。因此，阿尔沙文成了当年欧洲杯的"神人"。此后，欧洲各大足球俱乐部纷纷向他抛出了橄榄枝。

　　试想，如果阿尔沙文抱着怀才不遇之心整日抱怨，那他永远只能名不见经传。

庆幸的是，他在否定和挫折中懂得沉下心来，认真反思自己，重新评估自己的能力，并通过苦练内功不断提升自己。因此，他脱颖而出，得到了各大俱乐部的赏识。

你看，只要你的能力不断地提升，怀孕的"大肚子"越来越大，总有一天会被伯乐看见的。

总之，当今老板的眼光，可不是"对面的女孩"，会轻易看过来。你想在高级写字楼鱼贯而入的人群中脱颖而出，让上司的目光越过众人和高高的隔断板落在自己的身上，这不是简简单单的事情。

阿谀奉迎、谄媚作态，那也只能暂时引起那些平庸上司的注意。你要是想发光，那就记住世上从来没有怀才不遇这件事。

一句话安慰

一个连表现都不会的人，怎么能说是人才呢？上司的挑剔、刁难，也许是一种提醒，提醒你去重新评估自己，继续提升能力，需要适当表现。

让你受苦的人是为了磨炼你

有一段日子，做秘书的侄女常往我家跑，对我太太诉苦，说她的上司多么苛刻，要求多，期望高，又抠门，还善变。

从侄女的叙述中，我们拼凑出她的上司章女士是这样的：脾气火爆，谁做了错事，她就会批得你体无完肤；午餐吃得不好，她就给人脸色，会故意找茬；工作求速度，明天的工作要求今天就准备好；善变，昨天说这样做，今天又那样做，让人不知道如何是好；大家做完手头的工作随意地聊两句，她都不允许……

侄女每次抱怨的时候，总是火冒三丈，说上司绝对是更年期永远型的，向我们请教怎么办。

说实话，在职场碰到这种苛刻型的上司，真的是一大挑战。忍？斗？走？选哪一个呢？

许多职场新人会选择消极忍受，把自己的工作做好后就远远地躲着上司，或者在做好工作的同时，投其所好、溜须拍马。

还有一些人会和上司硬碰硬，企图说服上司，让上司改正。

更有一些人觉得碰到这样的上司完全影响了工作发展，干脆直接另谋高就。

当然，还有人在论坛上建议以武力解决。

其实，每个人在职业生涯中都会遇到这样的上司，他们的要求很苛刻，甚至是求全责备。无论你如何努力，他总认为你没有做到最好。可是，工作中总会有那么一些困难和变数存在，我们得不到他的鼓励和认可，然后慢慢就变得压抑消极了。

可是，你有没有想过，遇到苛刻的上司，也许是件值得庆幸的好事情呢？

遇到一个苛刻的上司，恰恰给了你一个很好的学习机会。尽管他的言语粗暴，或者行事不按常理，但是他会告诉你什么是做错了的，怎么是对的。

你可能因为泡咖啡的水温不对被他训斥过；可能因为资料摆放的位置不对被他严厉批评过；可能因为工作效率低下被他指责过，可是这何尝不是一种锻炼呢？

试想，如果你能在一个这么严苛的上司手下把事情做好，那么以后即使你跳槽到其他公司，再去做事情的时候不是游刃有余吗？如果你能一步步地走，把那些消极的东西都摒弃掉，留下积极的内容，那么你的成长绝对会比别人快很多。

我的第二个上司是个做技术的，比较追求完美，可以说是吹毛求疵。

刚进公司那会儿，对他真的恨得不行，家里飞镖靶子上都贴着他的名字。可是，人家是上司，我没有办法，跟上司讲理只会演变为吵架，这都是有前例的。

但是，慢慢相处了之后，我就发现，上司挑剔真的能挑剔到点子上，每次总把我最弱的那一部分找出来，让我弥补不足。我不得不服，乖乖地拿回去改。渐渐地，每次遇到那个模块，我都特别敏感，总是确保无误才敢交上去。

不久，上司批评我的次数就少了。少了之后，我才明白上司不是故意找我的麻烦，而是在锻炼我。不管是不是，我这么一想，还真心态放平了，也不在心里骂上司了，只想把工作做好。

说实话，如果上司纯粹只是工作上的苛刻，那么只要你兢兢业业，努力工作，干出一番业绩，自然会赢得上司的赏识和提拔。

在职场中，你会发现有很多苛责型上司会设定明确、带有挑战性的目标。他们将这些目标落实到具体的绩效预期之中。

他们毫不掩饰自己的看法，让每一个人都清楚自己的绩效情况，让所有人都了解企业的经营状况。每一天，这些苛刻的优秀上司都在着力提高下属的能力。如果你能为这样的上司工作，那绝对是值得庆幸的事情，因为你的个人能力能得到迅速提高。

每个管理者都有自己的风格。那些温柔型的上司，把你哄得很开心的上司，不一定能让你学到东西，因为你错了他也不会告诉你错了。

我们古时候的教育是"棍棒教育"，这样的教育虽然严酷，但是在逼你成材方面还是有奇效的。

我弟弟的第一个上司也很苛刻，整天挑刺。

我弟弟受不了的时候，心里常说的话是："你等着，我一定努力工作，总有一天当你的上司。"虽然他没当成对方的上司，但是他学到的东西、拥有的能力，早已远远超过了上司。

当然，很有可能你会碰到那些人格上有缺憾的上司，自以为是、横行霸道、喜怒无常、玩弄手段、遮遮掩掩、卑鄙下流，或兼而有之。这时候，能忍则忍。至少，这样的上司可以帮助我们锻炼自己的忍耐力。

另外，如果上司这样，那么你会发现下面的员工关系会非常好，因为会很容易形成统一战线一起"抗暴"。这时候，不妨向这些老员工请教和学习。

遇到苛责型上司，不必感叹倒霉。如果你能够以积极的心态正视这一挑战，磨炼你的抗压力，就真的应了"天将降大任于斯人也，必先苦其心志"这句话，所以说你的委屈和压抑都是有意义的。

在这种上司手下工作，你会发现自己的精力会出奇的旺盛，因为你可以做到以前自以为做不到的事情。从这个意义上说，你要感谢这些"折磨"你的人和事。

现在不妨怀着探究的心理，拭目以待，迎接更多的"折磨"吧。

一句话安慰

感谢折磨你的人，才能真正地敞开心胸去学习和接纳，才会进步得快。

批评多了，进步的良方就有了

网友"清香茉莉"自工作后，常常到网上"诉说冤情"，痛陈不幸，说自己的上司尖酸刻薄，自己稍有不慎做错一点儿小事都会遭到上司毫不留情地批评责骂。

据她说，上司批评自己时竟然都有口头禅的，比如"你怎么一点儿小事都办不好""你每天到底在干什么""我都不知道请你来做什么的"……

虽然她每次做错事情之后已经很后悔了，但上司还是批个不停，这让"清香茉莉"很是难受和恼火。

职场新人对于上司的批评和指责总是无所适从的，这点从网上那些发泄帖或求助帖可窥见一斑。

我们喜欢听到上司对自己的赞誉和表扬，害怕听到上司当面或者私下的批评，尤其是职场新人，往往心灵很脆弱或者自尊心很强，受不得半点儿批评。

我们部门有个新人曾私下问我："是不是受过几次批评，上司就再也不会赏识我了？我是不是在公司没前途了？"当时他一蹶不振，神情很不安。说实话，如果你这样看待批评，那你只会让上司更瞧不起。

人非圣贤，孰能无过。犯错在所难免，那批评也不可避免。不过，正如俄国文学家托尔斯泰所说："只有什么事也不干的人，才不会犯错误。"所以，你被批评了，正是因为你做了事情，尽管这件事目前还没有做好。

有了这一点心理安慰，也许会让我们面对上司的怒火时不至于那么紧张或愤怒。

虽然有人说树大自直，但现实是小树不修不直溜，没有修枝打杈的过程，小树是很难长成参天大树的。同理，一个人有了缺点毛病，只有及时被指出来，并加以改正，才能清除身上的"细菌"。

这就像作家奥斯特洛夫斯基说的："批评，这是正常的血液循环，没有它就不免有停滞和生病的现象。"

我曾听同事说，在我来公司之前，部门里有一个性格很孤僻的人，很难和人相处。上司本是看他有才能才招他进来的，结果上司几次三番指出他工作时的毛病，他还充耳不闻，置之不理。渐渐地，上司也不理他了。后来，他就开始偷懒、作弊走捷径，但是上司还不说他，完全睁一只眼闭一只眼。最后，他忍受不了了，自己辞职走了。

你看，没批评无异于皇帝的妃子被打入了冷宫。当老板对你不管不问的时候，你可能在老板心中被贴上了"无药可救"的标签了。所以，松下幸之助曾经说过："有人骂是幸福。任何人都是因为挨骂，才能取得进步。"

挨骂的人，应有雅量把别人的责骂当作自己追求上进的动力，这样的责骂才能发生效果。如果对挨骂反感，难以接受，就失去了再次挨骂的机会，以后你的进步也就停滞了。

人家既然不骂你，也就不再关心你。所以，别怕挨批评，上司批评了你，那证明上司还看重你，对你有期待有希望。你应该拍拍胸口表示庆幸。

有人把批评比作"上司伸向我们的一根栏杆"，我觉得"跳杆"或许更正确一些。因为你只有面对上司的批评，并不断跃过它们，你才能越来越优秀。也就是说，多批评你才能多进步。

很多人最怕的上司大概是要求很多，天天还把批评挂在嘴边，时不时就刺你一下的那种。

比如，刚开完会，他就要你把会议记录交上来，还批评你整理得不到位；你辛苦做好的市场调查，他说没针对性，你就要一遍一遍地改……

好友苏昙当年在一家大型企业做技术员，他的上司就属于这种类型。

刚工作时苏昙可以说是承受了上司最密集的"火力攻击"，一件小事出错就被上司毫不客气地训斥半天："怎么搞的，这么一点儿事都做不好。这样下去工作还能干好吗？"年轻气盛的苏昙听完之后，自尊心很受伤。不过看在工作和工资的份上他还是忍了，然后按照上司说的改正了。

就这样你"批"我"改"了几次，苏昙发现虽然上司训斥他时十分严厉，但一些比较重要的工作每次都安排他去做，对他的信任丝毫没有减弱。而且，在训斥苏昙的时候，也常常向他灌输不少专业方面的知识和方法。

这下，苏昙不愤慨了，反而因为上司对自己的"特别垂青"而高兴。很快地，苏昙就在上司的批评下，成了技术骨干。

可以说，上司的批评就好比是医生给病人看病，是针对我们工作或者待人处世，甚至是思想上存在的"病灶"进行的开刀或者施药。

因此，当听到批评，我们第一反应不应该是愤怒，而应该去冷静分析。分析上司批评自己的原因，找出问题所在，该沟通的要沟通，该更正的要更正。

有人戏称"挨骂"是一个下属与上司相处时必须练就的一种能力。如果你能正确看待批评，能把上司那让人自卑、消极的否定性批评当成上司向你提出的一项具有肯定性的建议，那就能从心理上轻松、愉悦地接受了。

一句话安慰

谁能闻过则喜，谁就能在职场中更快地进步。

禁得起折腾，才扛得起重任

小学的时候，同桌男生顾北经常欺负他前面的女生。扯她的长头发，藏她的课本，在她的作业本上画画……女生反抗，怒气冲冲地问他为什么这么欺负人，顾北总是回答说很好玩。

很多年后，两人结了婚。我们问起这些事情，顾北带着笑，很认真地说："因为喜欢她，才欺负她。"

放在爱情里，这种状况是"打是亲，骂是爱"。放在职场上，如果上司折腾你、欺负你，你肯定对他怀恨不已。因为正如万科董事会主席王石曾说过的，时下的年轻人太急于求成，总是希望"春种秋收"，不喜欢折腾。

一位老板在讲述自己培养骨干人才的心得时，对于"折腾"这两字那是青睐得很，并誓要将"折腾"进行到底。

什么，上司折腾我是因为欣赏我，要培养我？这绝不是玩笑。

事实上，在任何企业里，一个真正优秀并让下属佩服的管理者或者骨干，势必有过在最基层工作的经历。

联想总裁柳传志曾在一封给杨元庆的信中说道："你知道我的'大鸡和小鸡'的理论。你真的只有把自己锻炼成火鸡那么大，小鸡才肯承认你比他大。当你真像鸵鸟那么大时，小鸡才会心服。只有赢得这种'心服'，才具备了在同代人中做核心的条件。"

联想集团的CEO杨元庆是联想总裁柳传志的优秀接班人。翻开他在联想的发展简历，你会发现，他基本上是被柳传志折腾成功的。一年一个新岗位，在柳传志十几年的折腾和考验中，他熬成了联想的将帅之才。

所以说，上司欣赏你，于是他折腾你，因为他知道，折腾你能使你成长。

当你备受上司折腾的时候，何不想一想，老板给你这么重的工作任务何尝不是一种重视呢？

我的一位朋友钟越在外企做销售。刚进公司那会儿，他深受管理层的"蘑菇定律"打磨，最明显的一点是他常挨批、受追问。

上司常常责问道："你解释一下这个促销活动为什么没有实现预期结果？销售进度为什么跟不上时间进度？这个广告的投资回报率怎么这么低？给我分析分析这个产品为什么不好卖？……"

这些问题经常让他绞尽脑汁，有时候甚至令人厌烦，但是又没有办法用"是"或者"不是"来回答，只能自己憋成"内伤"。

可是朋友后来说，正是上司的责问逼着自己去思考这些问题，自己的逻辑分析能力和解决问题的能力才会有所提升。

而且，承受住了批评甚至责骂，对于公司里的那些冷嘲热讽都看得很淡，也更能忍。

其实，有时上司对你的折腾都属于心智上的。他们给你出难题，让你处理又棘手又重要的工作，请不要抱怨。

你想想，工作难、压力大是事实，同样你得到的回报和收获也很多，你比别人成长得更快。所以，不要怕折腾，要勇于挑战自我。

如果你具有发展潜力，当老板有意培养你进入管理层时，他肯定要多方考察你，那新一波的折腾就来了。你的工作量可能会突然增加或者突然减少，老板对你的态度也可能是忽然很热情，然后过一段时间后故意冷落你，甚至有可能是突然调你的职。

说实话，职位调动是上司或老板常用的折腾手段之一，要不杨元庆也不会一年一个岗位了。

我认识一位民营企业的老板，他曾经有意培养一个人做骨干，为了让其适应和学习不同部门、不同职位的工作，他决定调这个人的职，让他先到一个效益不好的部门做出一些成绩。

不过，虽然这位老板跟对方沟通时，暗示这是在考察其能力，并让对方看到好的前景，可是这个人还是没能耐得住外界的诱惑，平职调动不久，他就选择了另谋高就。

这位老板很是遗憾，但是却也为淘汰了一个不合适的人而感到欣慰。

上司折腾你没商量的时候，可能正是欣赏你、培养你的时候。那么，不妨"看破红尘"，用一颗平常心对待折腾，要求自己战胜和超越这个环境吧。

一句话安慰

人才不是选出来的，而是折腾出来的。

肯改过的人从来不怕上司纠错

我在一部电视剧里见到过这样的场景：

酒店老板带着一群下属视察自己旗下的酒店。他走进酒店大厅，把墙上悬挂的油画微微左移，用洁白的手绢抚了一下前台的桌面，让身后人看看上面的灰尘；然后他拦住服务生，查看托盘上的高脚杯，指了指壁上的一滴水珠，示意对方更换；之后他走进客房，抚平了床单上的微微的褶皱……

当老板一言不发地走后，酒店经理抹了抹脸上的汗珠，马上召集员工整改。

说实话，这个酒店老板不可谓不心细，也不可谓不严格，我要是他手下的员工，每天估计得腹诽他好几遍，这不是鸡蛋里挑骨头吗？但是，如果我是一名顾客，我一定会到这样的酒店去住宿，毕竟一家酒店能为了让顾客享受到整洁、优质、方便的环境和服务而做到这个份上，那么它怎么不值得顾客一而再、再而三地光顾呢？

从这个意义上讲，正是酒店老板的高要求和对自己下属工作的严苛挑剔，让酒店获得了顾客的青睐。

做销售的朋友王涵曾跟我说，即便他拿下了业务，上司也会挑刺，说在销售过程中自己哪些话说错了，哪些话说的时机不对，哪些动作让客户产生了犹豫，等等。

王涵心里挺不服的，明明自己已经完成了工作，做得足够好了，怎么上司还挑剔呢？

你看，其实很多时候我们都自认为自己做得很好了，但事实上我们还有很多需要改进的地方。退一步说，即便你已经是一部奥斯卡经典影片了，细心严苛的观众也能找出其中不符合史实或科学的部分，指出穿帮的镜头。

但是，从电影发展的历史来看，正是观众的"找茬""捉虫"，让原本粗制滥造的电影变得越来越精致、越来越有创意。

所以，在你还没有成为奥斯卡经典影片的时候，还是让严苛的上司扮演观众为你挑挑刺吧，说不定改进之后，你就能吸引更多的观众。

好友林志是一家快餐连锁店的部门经理，主要负责考核下面几家分店的工作。

因为好奇，我曾陪他到一家分店"微服私访"。当时正是用餐高峰期，我们走进了一家顾客盈门的米粉店。林志没有立刻去排队，而是径直走向取菜的窗口，查看了操作间、配料台，并且环顾大厅一周，期间还时不时地摸一下餐桌、墙壁等地方。

然后，我俩一起排队点餐，他装作在赶时间，不停地看手表。但是点餐的时候，林志变身为一名特别事儿的顾客，问长问短，犹豫不决，我都替服务员心急了。

我们领了餐，林志并没有急忙吃，反而用手感受了一下汤的温度，观察了粉的状况之后，才开始慢慢吃。

吃完之后，林志坐在原处继续看表，闲坐了15分钟后，他才拉着我离开。

事后，我才明白：林志绕着大厅，那是考核环境卫生；排队点餐看表，那是考核服务速度；故意问长问短，那是考察服务态度。就连饭后闲坐的那15分钟都有深意，那是想知道服务员多长时间内会来收盘。

林志后来说，根据这次的考察，他会指出问题，提出意见，帮助分店提升质量和效益。

说实话，现在很多星级酒店、IT专卖店、汽车4S店、快餐连锁店、民航班机等行业都常发生上司扮顾客"微服私访"，以考察挑剌的事情。

如果你是这些行业的员工或者店长，面对爱挑剌的上司，还是不要急着抱怨上司爱找茬，是在吹毛求疵。如果你抱着这种想法，那你很难用平常心看待上司的意见和建议。

你何不想想上司挑剔你的背后动机是什么？是为难你吗？还是他自身对工作的要求就很高？想想上司指出的那些问题是不是真的存在，改进后是不是能带来盈利？想通了，你就会发现上司的挑剔也不是那么难以忍受的。

其实，不管哪个行业，你都会遇到爱挑剌的上司。比如，他会说你服装不整、开会没准备材料、报告有错别字、咖啡冲得太苦，等等。

这时你不妨把上司当成帮你盈利的顾客，视他为鞭策你成长和进步的贵人，欣然接受对方的批评和建议。

即便上司的要求高得你很难达到，那你也要尽心尽力去做，真的不行时再向上司汇报无法继续的原因，以便让他知道你真的尽力了。

一句话安慰

如果你碰到了爱找茬、好挑刺的上司，不必在他的冷脸下惶恐得无所适从。你不妨把他当成顾客，始终保持微笑，把他的要求当成自我鞭策和提升的手段。

即便受到责难，也别丢了原则

男人垂头丧气地回到家，女人问他发生了什么事，男人死活都不说。后来，在女人的追问下，男人说自己今天对上司发脾气了。女人瞪大眼睛问："什么，你确定是你对领导发脾气，而不是领导对你发脾气？"这时，男人更加郁闷。

原来，男人当时很憋屈，觉得领导做事太不地道，所以不知不觉就对领导发了飙。

明白了前因后果，女人忍不住想揪住男人的耳朵大叫："小不忍则乱大谋，你懂不懂啊？忍一时风平浪静，退一步海阔天空，你懂不懂啊？生气是拿别人的失误来惩罚自己，你懂不懂啊？……"

这是我在网上看到的一个故事。每当想到故事中女人那抓狂的模样，都令人觉得好笑。

不过，说起在职场上"忍耐"这个问题，那是说起来容易，做起来难。道理谁都明白，但是，当事情临到自己头上的时候，却未必都能保持冷静，忍住怒火。

前年公司进了个新人，脾气挺倔的，不巧又碰上一个喜欢刁难人的上司。结果因为一份报表，两个人起了争执。当时上司发怒拍了桌子，新人一看你拍我也拍，结果他一掌下去，上司办公室桌上的玻璃一下子碎了。这下，新人必走无疑，走的时候还要为损坏公物做赔偿。这成了公司里传了很久的八卦故事。

每当有人怒气冲冲准备找上司理论的时候，大家都劝道："千万别拍桌子，咱这儿玻璃不结实。"

不管玻璃结实不结实，不管你有没有本事说服上司，都千万别和上司拍桌子叫板。

曾听朋友说过一个故事。故事中，安迪的上司脾气十分不好，经常对他和另一个同事大呼小叫，讥讽责骂。安迪和同事都想逃离这家公司，另谋高就。

在一次激烈冲突后，同事愤而辞职，还留下一堆没干完的工作。而安迪选择了忍耐，按兵不动，他一边积极协助上司处理烂摊子，一边不动声色地寻找下家。过了一段时间，安迪和同事都找到了新东家。

没想到，新公司人事部给原公司打电话做背景调查，上司对愤而辞职者本来就一肚子火，自然没什么好话，结果同事的这份新工作竟然泡了汤。而按兵不动的安迪则把工作处理地井井有条，然后把握机会向上司委婉提出了辞职。上司挽留无果后，送了些祝福的话，外加一个装满奖金的信封，友好地同他握手告别。

看，这就是忍与不忍的区别。就算你忍不下去要辞职走人，你也千万不要为了发泄积怨而和上司拍桌叫板，和上司闹僵。

和上司友好地告别吧，感谢他对你这段时间的照顾，这才是一个成熟的职场人该有的行为。

可能和你同时进公司的人都已经升了职，只有你还没有什么动静，反而每天还在受老板的挑剔，你会怎么想？忍不了就走。大家都会这么想，可是走了之后呢？你还不是要到另一个公司重新从底层开始做起。

为了前途，还是在老板的指手画脚下忍一忍吧，因为除了能力，升职还需要耐心。只要你表现得不是不可救药，那就不妨再耐心等待，也许很快你就有升职的机会。

有一句话可以用来安慰自己，那就是"大凡在职场江湖混出来的人，大都有一个特点——能忍"。想做一个混得好的人，那就忍耐着吧。

说到"忍耐"，老板曾对我提过在职场要做水一样的人。为什么这么说？老板解释说，水能够忍受所有外在的约束，适应所有的环境和条件，而且遇到阻碍，水就会变成河川绕过；遇到低洼之处，水就会汇聚成深潭。更重要的是水汇成海，能包容一切。

在职场，做一个水一样的人，就是要会忍耐，可以容忍一切，包括上司的刁难、折磨、挑剔、斥责，然后你就能成就不平凡的事业。即便是难忍之事，也不要直接顶撞，拍桌叫板。

如果是原则性问题，你可以在不暴躁也不露怯的情况下，和上司开诚布公地沟通，守住底线。

要是非原则性问题，那就试图不卑不亢地让自己能屈能伸吧，毕竟天下没有免费的忍耐，在前途和巨大的利益面前，就咬牙忍了吧。

一句话安慰

忍不是消极，而是学会避免正面冲突，减少不必要的消耗和损失；同时，蓄积力量，收获成长。

用耐心把冷板凳坐热

好友莫晨因为工作出色，两周前刚从编辑部调到策划部，还升职做了主管。雄心勃勃的他本准备大干一场，可是连新官上任的三把火还没烧，莫晨就被新上司给"冷冻"起来了。新上司对他不冷不热，却把莫晨分内的工作统统交给别人去做。

莫晨实在想不明白自己到底犯了什么错误，无奈之下只得每天忍气吞声地待着，期待自己安于职守把冷板凳坐热。

我们都知道，篮球比赛中，没有上场的球员都是坐在场边的板凳上看别人比赛。其实，职场有时候就是一场篮球赛，上司也会如教练一样给你一条冷板凳。这是司空见惯的事情。

在职场，坐上冷板凳的原因可能有很多，比如你能力不足，经常出错；上司讨厌你；你威胁到了上司的利益；老板在考验你，等等。但是，不管是什么原因，冷板凳你是坐定了，还是趁早接受这个现实吧。

不幸的是，当遭遇职场冷遇，很多人并不去思考其中的原因何在，也拒绝接受这个现实，反而只知道整日抱怨、意志消沉，结果往往害了自己。

我曾在一本书中看过这样的故事。公司副总裁调往国外，于是他的位子便空了出来。论学历、资历、能力，甚至年龄都旗鼓相当的两个部门经理，都盯上了这个空位。

那段时间，两个人表面上友好亲善，暗地里剑拔弩张。其他同事也如粉丝一样，各自支持着两人争夺副总裁的位子。

一时间，公司气氛紧张。闻讯赶来的董事长勃然大怒，不由分说地将这两个部门经理外调发配，一个被派到了偏远的分公司任职，一个则被调去管理库房。

调往分公司任职的经理对这个决定很不满，不认真工作，反而成天对手下员工发牢骚，结果，整个分公司的业绩直线下滑。这下，该经理更是心情糟糕。

派去管仓库的那个经理自然也愤怒，但是很快他对这种不公平待遇就"随遇而安"了。在库房工作了一段时间，他发现库房的管理很乱，就动手整理起来。

他用自己所学的管理知识把库房的物品重新编号，完善出入库手续，把整个库房弄得井井有条。一切都平顺了之后，他就开始抱着一本专业书温故知新了。

就这样，半年过去了。董事长下令将调去库房的经理提拔为副总裁，将派到分公司的经理撤职。

原来，董事长之所以将他们俩"贬下凡尘"，并非他们有什么错，而是要考验他们。而事实证明，管仓库的经理耐住了冷板凳的考验，才是最合适的人选。

你看，其实上司给你冷板凳坐并不可怕，可怕的是你的心态。如果你的心态冷了，你怎么可能把冷板凳坐热呢？

巴顿将军曾说过这样一句话，"成功的考验并不是你在山顶时会做什么，而是你在谷底时能向上跳多高"。如果你觉得你的职业生涯已经糟得不能再糟，那么好，你成功的考验才刚刚开始。

我在外企工作时的高管杰斯曾经也有坐冷板凳的经历。他曾对我说，冷板凳并不可怕，可怕的是在没有做好充足准备的情况下仓促出场。他还说，职业的冷板凳如果坐得好的话，可能是你职场的第二个春天。

仔细想想，事实确实如此。当你坐冷板凳时，一来你可以韬光养晦，抱朴藏拙，二来当你坐在场外的时候，你就有时间去冷静观察"整场比赛"，了解上司待人处世的方式方法，从容准备。

当你储备了一定实力，有了一定的成绩，那么你的上司怎么可能会看不到你呢。

曾经的同事许昼跳槽到知名企业做销售副经理，准备大显身手。可是，进了公司才发现，自己想象得太过美好。公司一下招了三个副经理，每个都不是等闲之辈。工作了一个月后，因为许昼的工作思路与经理的不相同，所以，许昼和另一名新同事周涛都坐上了冷板凳。

许昼曾经沮丧地跟我形容自己的情况，说他虽然挂着副经理的衔，手里却一点儿实权都没有，什么事情都得请示，有时候连个普通业务员都不如，因为部门开会都不让他参加。

后来我们谈到杰斯和杰斯把冷板凳坐成金板凳的经历，许昼大受启发，安心地开始了自己的冷板凳时间。

与不停抱怨和消极反抗的周涛不同，许昼收起了锋芒，做好工作中的每一件小事，并且多听多做少说，很快就把公司上下摸了个清，和各部门的同事都相处得很好。

一年后，因为销售方案不当，经理被解职了。而许昼忽然成了红人，当上了销售部经理。这时候的许昼早已做好了充分准备，一跃登场，就协同下属做好了销售方案，并取得了良好的效果。

所以说，当上司真的给你冷板凳坐，这不一定是刁难和折磨，可能是对你的考验。

因此，如果你不受重用，请不要自暴自弃，不妨利用这个时机去广泛收集信息，学习新知识、新技能，增强自身的实力。

另外，危机时，落井下石的人也有，这时候你更要以一种谦卑的态度广结良缘，博得好评。

不管你坐上冷板凳后所做的事多么琐碎，多么不值得一提，你也要一丝不苟地做好。这不但对你好，还能让别人看见你的精神和勇气。

总之，与其自怨自艾、抱怨牢骚，还不如调整心态，用行动向他人证明自己，耐心地好好地把冷板凳坐热。

一句话安慰

当你把冷板凳都坐热了，说明你的实力也具备了。实力有了，舞台和机会也就有了。

利用加班的机会提升自己

大学同学阿沐自从换了新工作，微博发言就没离开过"加班"这两个字。

我记得其中一条微博这么说道："人世间最痛苦的事情，莫过于上班；比上班痛苦的，莫过于天天上班；比天天上班痛苦的，莫过于加班；比加班痛苦的，莫过于天天加班；比天天加班痛苦的，莫过于天天免费加班！"这段话看似调侃，可真是道出了阿沐对于加班的反感和无奈。

可有什么办法呢？身在世界500强企业，加上有一个总是让下属加班的上司，阿沐只能是加班没商量。

身在职场中，哪能不加班，朝九晚五总是变成朝九晚无。作为历来让众多职场中人痛恨的事情，加班是司空见惯，是家常便饭。没办法，不管你有任务没任务，摊上个总是让你加班的上司，那你就把加班进行到底。如果你对上司要你加班的明示或暗示不理，那你很可能在上司心里被打上标记。

侄子慕夏的女朋友乐欣在广告公司上班。她的上司是个三十多岁的工作狂，每当快下班的时候，上司就派活儿。今天做文案，明天做调查，一星期加了四天班，天天到晚上十点。

一天，上司让乐欣做一个报表，但是乐欣真不会做。

积压已久的乐欣就对上司说："我真的不会做，您能不能让我准时下班？"结果，上司那个表情，乐欣一辈子都忘不了。

乐欣年纪小，在职场待人处世方面还嫩着呢。这样的话一出口，在上司眼里，你就可能是傲慢自大或对工作没有激情的人。

更糟糕的是，他可能认为你对他很有成见，其结果可想而知。以后，你可能很难入选升职员工的名单。

而且，不可否认，这种因为加班和上司发怒，弄得两败俱伤的不明智的行为跟工作态度脱不了关系的。

试想，既然你碰到了喜欢加班的上司，既然你知道你有不会做的事情，那怎么不利用加班时间加把劲学习呢？一个报表的制作，也许只要一个晚上你就能学会，但是你拒绝加班、拒绝学习，那怎么可能令自己有长足的发展呢？

我曾看过一个在泰国企业做事的年轻人写的职场实录。

学历不高、刚刚毕业的埃里克那时在公司是个职位很低的小职员。埃里克觉得自己找份工作不容易，就决定尽心尽力地为公司干活。

当时，公司没有加班的习惯，一下班大家都回家了，但是埃里克的顶头上司却仍然留在办公室里加班到很晚。因此，埃里克也决定在下班后留在办公室里。

埃里克说："当时没有人要求我这么做，但我认为应该有人留下来，必要时我的上司会需要我的。"果然，埃里克的上司经常需要人替他把某个文件找来，或做其他事情。而在这时，他发现埃里克总坐在自己的办公桌前，随时等待着他分派任务。于是，埃里克就开始和上司一起加班。

那时，埃里克从来没想过得到什么额外的报酬，更没想过这样做会为自己的职场生涯带来什么好处。但是，埃里克慢慢发现，自己越来越熟悉公司的业务，更重要的是埃里克得到了上司的垂青，他的上司养成了需要帮忙就找埃里克的习惯，并把越来越多的工作交给埃里克。

你看，一样是加班，有人是在痛苦中进行着，有人却是通过加班来学习和成长。

说实话，如果你的上司直接要求你留下来加班，那表示他喜欢爱加班的员工。而你要是想在这样的老板下面大展宏图，那我希望你利用加班的时间来学习、充电，提升自己的能力。

很多年轻人虽然知道加班有好处，但是仍不想加班，觉得加班占用了自己的私人时间，自己没时间和恋人约会，也没有时间和朋友聚会。

可是，这是一个有付出才有收获的时代，而加班正是证明自己能力的一个途径，特别是对于一些没有任何基础、背景的年轻人来说，加班也能体现出自己的价值。

如果你不想加班却想得到更多收益，这怎么可能呢？而且有句话不是说"年轻的时候过得舒服，中年的时候过得糟糕"吗？现在不拼搏奋斗一下，还等到什么时候？

我在外企工作时的同事朱蒂很长一段时间不能适应外企快节奏的生活。加上朱蒂的上司是有名的"工作狂"和"加班达人"，于是朱蒂更是累得不行。每当加班的时候，朱蒂的心里都像受刑一样。

一次，她向朋友诉苦，结果对方却说羡慕她这样的生活，因为有班可上说明一个人有社会价值。说不定，年纪轻轻的时候搏一搏，就能干出一番事业呢！

听了朋友的话，朱蒂就不把加班当负担了，反而把它当作是一种快乐。每天朱蒂做完自己的工作，就准备一下明日的事情，或者学习一些自己不会的，提高自身的能力。这样一努力，朱蒂的业绩就提升得很快，两年后她就成了公司主管。

所以说，上司让你加班并不是一件绝对的坏事，关键是怎么加班。

我曾经的一位上司在谈到这个话题的时候，提出了"用学习的态度加班"的说法。

据说，学习的态度会给人一种心理上的平衡，毕竟学习是给自己学的。这样的话，即便感觉很累，我们的累也是有价值的。

当然，加班的一个大前提是千万不能损害身体健康。我们常说"身体是革命的本钱"。如果因为过度加班导致身体不适要请病假休息，那绝对是一种损失。

今天你的上司还在逼着你加班吗？别恼，别怒，调整心态，用学习的态度快乐地加班吧。

一句话安慰

加班，换个角度看，也是一个学习的机会，而且是免费的学习机会。

调整心态，勇于接受磨难

叫错了你这位新来助理的名字，她却毫不以为意；做助理，你必须每天一早在她办公桌上摆上一杯咖啡，还必须是热腾腾的；随时随地准备接住她随手扔下来的大衣；只要她开口，任何无理的要求你都必须无条件满足，包括在有飓风的时候找飞机把她从迈阿密接回纽约，包括去找哈利·波特的手稿以让她自己的孩子提前知道下面的故事；她不想听到任何托词借口，只想你把事情给统统办妥……她就是魔鬼上司米兰达。

好莱坞时装电影《穿Prada的女王》上映之后，很多人都从女主角安迪身上看到了自己的影子，因为他们身边也许就有一位像米兰达一样的魔鬼型上司。而且，他们每天还不得不与之斗智斗勇。

我们每个人在步入职场的时候，都曾暗暗祈祷，希望自己遇到厚待下属，可以让下属愉快做事的上司。不过，总有不幸的人会碰到专制、严苛，可能还有点儿恶毒的主管。他们比军队里的教官还难缠，而我们的身心则备受煎熬。

约翰是这么形容自己的魔鬼上司的:他说"也许"的意思就是"必须"，"可能"就是"一定"，"随便"就是"要按照他的意思百分之百地执行"。

我永远不能以他的字面意思来领会他的真实意图。他的喜怒都没有任何先兆，一来就是狂风暴雨。我永远不知道怎样做才能让他满意。有时候，当他对我好关心我，我都会不由地想他莫名其妙发火的样子，真是一阵阵的不寒而栗。有阵子，我做噩梦的主角就是他。更不幸的是，他正是我的顶头上司。

约翰抓狂无奈，只得忍耐。然而忍着忍着，他就觉着胸闷、气短、心慌，好似身体的各个器官都纷纷跳出来抗议。

连痛苦地忍耐都无济于事，那碰到这样的上司该怎么办呢？你该如何应对种种刁难，而不至于失去冷静，甚至丢掉饭碗呢？

事实上，一般人若碰到这样的魔鬼上司都会自认倒霉，选择痛苦忍耐或者一怒之下干脆辞职走人。

大可不必如此。试想，电影《穿 Prada 的女王》的女主角安迪何尝不是在这样的魔鬼上司的训练下，从一个毫不起眼的职场菜鸟成长为一个能独当一面的职场精英呢？

安迪也曾经向造型师同事抱怨过自己的工作，但是在造型师同事的提醒和帮助下，安迪开始努力适应新的工作环境。

当你碰到这样的主管时，你也可以向安迪学习，用积极乐观的态度，勇敢地接受"魔鬼训练"。

我曾听朋友讲过一个真实的故事。故事说有个记者虽然工作的时间不算长，但是新闻写得很好，在圈内也很有名。这个记者在谈及自己的写作历程的时候，说很感谢十年前在一家杂志社的磨炼。

原来，那家杂志社有一位才华横溢但是权威、泼辣、严格的女总编。女总编对手下的采访编辑要求严苛到无人能忍受，很多人的稿子被她改得面目全非，又承受不住她的"不用心、不长进"的斥骂"羞辱"之后，纷纷选择了离开。而这位记者，因觉得女总编真的有能力和才华，决心留下来向她学习。

四年里，杂志社的采访编辑来去都有百来位，但是只有这个记者一直不死心。

后来，他凭借自己的实力当上了主编，对上司的严苛作风倒也习以为常了。

再后来，杂志停刊了，女总编把记者介绍到一家报社工作。很快，记者的能力和本事就受到了注意，不久他就成了报社里的"牛人"。

虽然没有人喜欢碰上魔鬼型的主管，但是我却认为，能碰上魔鬼型的主管可能是你的福气，因为你有了从他身上学习的机会。所以，不要害怕，能跟魔鬼打交道的人，大多能成为"降魔高手"，人上之人。

现在，面对你的上司，你需要做的是放平心态，以积极的心态去接受他的刁难、折磨。而且，迅速适应并努力达到他的要求。这才是上策。

我在外企工作时的主管也是魔鬼型的，他常说一句话——"要是你们不想被我骂，那就把事情做得好一点儿"。我从这句话里发现了一个能够把与魔鬼上司打交道的负面体验最小化的最佳方法——"做好一点儿"。

我观察同事们的工作，向他们学习，然后利用工作之余上培训课，阅读专业书籍。

并且，面对上司的"摧残"，我努力表现出积极的态度，就是从责骂的话语中找出自己可以改进的地方。因此，当我成为一个模范员工或者杰出下属的时候，上司的找茬就变得越来越少了。

总而言之，当你遭遇魔鬼上司，不妨把他的严格要求看成是可以促使你提早成长成熟，提早获得经验，并且培养你做事一丝不苟的锻炼。我相信，在这种超强度的训练之下，你的潜能很快就会被激发出来。

试想，当别人还在温暖的花房里慢慢伸展嫩芽的时候，你已经在魔鬼上司的狂风暴雨之中长成了大树，那你比他们早得可不只是一步啊！

当然，接受上司的魔鬼式调教时，你可以把先哲孟子的"天将降大任于斯人也，必先苦其心志，劳其筋骨，饿其体肤，空乏其身，行拂乱其所为，所以动心忍性，增益其所不能"这句话每天背上个十遍八遍。这样，也许能让你更加勇敢坚韧地面对上司的挑剔。

一句话安慰

上司要求越严格，下属的进步越快。痛苦从来都不是白忍受的。

甘于大材小用，才有做大事的机会

话说，东汉有个少年叫陈蕃，独处一室，日夜攻读，欲干出一番经天纬地的大事业。

一天，他父亲的朋友薛勤来访，见庭院荒芜、屋内纸屑满目，问他为何不打扫干净来迎接宾客。陈蕃回答道："大丈夫处世，当扫除天下，安事一屋？"也就是说，做大丈夫，志向是扫除天下，哪能从事打扫屋子这等小事呢。

看来，这陈蕃和时下的职场新人们很相似，都认为自己就该做轰轰烈烈的大事，不应该大材小用地去做一些任凭谁都能做的小事。在他们的眼里，似乎只有不做小事才能显出他们的胸怀大志和与众不同。

于是，一旦工作琐碎，他们常常会抱怨："说白了就是打杂的，能有什么前途？我才不做！"

可能，正是因为这些高不成低不就的抱怨，使得很多年轻人沦落到"小事不屑做，大事做不了"的尴尬境地。

的确，有一些工作，它们看上去不够高雅，也没有轰轰烈烈的成就。但是，我们不能因此认定这是一份卑微的、简单的工作，而对它的重要性有所怀疑。事实上，任何一份工作都有独特的价值，即便是小事也一样。

我曾在求职论坛上看过这样一个故事。网友小秋大学毕业后，幸运地被一家证券公司录用。她非常兴奋，憧憬着大展拳脚，能成为行业精英。可入职后她才发现，上司安排给她的实际工作并不多，倒是有很多杂七杂八的事情，像送信、发报纸、复印、传真、文件整理，等等。

小秋觉得挺委屈的，自己一个大学生做杂活，多丢份呀，而且上司这么不重视自己，什么时候自己才能有大事可做。

小秋的母亲是个职业女性，听她这么说，便认真地说："小事不做，焉能做大事。须知，由细微处方见真品性。"

于是，小秋一改以前的抱怨推脱，见到别人都不愿意做的琐事，她便接过来做。工作多的时候，她甚至还要加班加点。其他新人都笑她傻，有时间不知道多休息。

其实，小秋的上司把小秋的表现一点一滴都看在眼里。不久。上司就逐步加一些专业工作给她做。加上小秋手脚麻利，干活踏实，部门同事也喜欢她，平时也颇乐意传授工作的心得体会。3个月后，小秋顺利转正，并被安排到了她最向往的岗位上。

每个新人进到公司，总有一段黑暗的"蘑菇时期"。在这个阶段，我们都要从基本的工作做起，甚至可能被分配到那些完全不起眼的岗位上，做些打杂端水的工作。你可能委屈地认为自己被大材小用了；你可能抱怨上司有目无珠，没看出你是一匹千里马；你也可能认为这是上司看你不顺眼，在找你的麻烦……但是，没有卑微的工作，只有卑微的心理。

绝大多数从最底层慢慢爬起来的人，他们凭借的不是抱怨和牢骚，而是无论大事小事都实实在在地努力。

事实上，从上司和公司的角度来看，做小事不是你愿不愿意的问题，而是成才过程中不可逾越的阶段。

你进入一个企业时，无论是在企业文化还是业务能力方面，都还有一个适应的过程。上司在这个阶段不可能将大事交给你去做，给了你也不一定能做好。而一件简单的小事能反映出一个人的责任心，而一个有责任心的人才能去做好大事。

所以，不要因"善小而不为"，做好小事，你才有做大事的机会。

日本本田公司的创始人本田宗一郎曾回忆起他当年的一件往事。原来，在本田宗一郎创业初期，公司走廊上摆着不少鲜花，有专门的花匠来浇水、培土。

后来，因为公司出现了严重的财政危机，花匠离职了。自然，那些花就没有人照顾了。然而，一段时间后，本田先生却发现，那些花依然鲜艳，并没有凋零。

好奇之下，他留意观察，结果发现设计部的一个年轻人每天来得非常早，为那些花浇水、培土。

虽然这个年轻人业绩平常，但本田宗一郎却将他提拔为部门经理，不为别的，就为他能够义务地做好这一件小事。

回忆往事时，本田宗一郎说："我历来认为，能够全心全意做好公司里的小事的人，更能够做好公司里的大事。"

当然，后话是，本田宗一郎说得没错，这个年轻人后来成了本田公司开拓海外市场的干将。

有句话说得好，"天下大事，必作于细"。一个只看见大事的人，他会忽略很多小事，这样的人是很难成功的。一个能看见小事的人，将来自然能看到大事。而且，一个能抱着积极心态把小事做好、做到位的人自然能做成大事。

据说，美国国务卿鲍威尔的第一份工作是在一家大公司当清洁工。

因为身为一个牙买加黑人，在那种大公司里，只有这一个工作可以做。可是，鲍威尔做每一件事情都很认真。而且，他很快就找到了一种既能把地板拖得又快又好，人还不容易累的拖地板姿势。老板看见后，观察了鲍威尔一段时间，就断定他是一个人才，马上破例提升了他。

每一个所谓的大事业都是由许多小事构成的，每一个做大事的也都是从小事做起的。小事很可能很小，很可能小得让你想象不出它会有什么意义，但只要你认真做了，就会有收获。所以，不必认为做小事就是大材小用，埋没人才。

其实不然，只有经过了做小事并做好小事的磨炼历程，才有可能达到做大事的层次，才真的有机会和能力去干出一番惊天地泣鬼神的大事业。

一句话安慰

天下大事，必作于细；天下难事，必作于易。

第 6 章

CHAPTER SIX

人生要揭穿：

总和你做对的人，实际是在成就你

感谢那些批评、指责、欺骗、中伤你的人，

如果你能够用这样成熟的心态来面对生活中的起起伏伏，

那么就没有人能伤害到你。

别排斥对你的缺点直言相告的朋友

一位网友说自己终于忍不住数落了闺密。因为她的闺密总是办事不用心，即便网友已经提前告诉她该怎么办，可临遇到问题时，她还是会把事情弄得一团糟。

网友希望闺密改一改这个毛病，结果对方直接来了一句"别说了"，然后再也不理她了。

对于好朋友，我们常认为觉得直言相告、坦诚相对是没错的，结果没想到对方听了之后难以接受，反过来还说我们小心眼。谁有这样的"不知好歹"的朋友，也挺心寒的。

古人说诤友难求，现在我们却避诤友如蛇蝎。显然，大错特错。如果错失这种能直言你缺点的人，那就太可惜了。

我们在人际交往中学到的教训是宁可说好听话让人高兴，也不要说难听话让人讨厌。这种心理让别人对我们的缺点避之不谈，那这样的朋友对你也没有什么好处可言了。一个不能帮你提高的人不能成为你的好朋友。

据说，精英公关集团执行总裁严晓翠早年工作努力，表现积极，别人不愿意做的事情她都主动揽过来。但是突然有一天，有人对她说："你身边的人都没有人真心愿意想跟你工作。"

这一句话像刀一样捅进了她的心里。痛过之后，她开始思考自己为什么如此认真努力，却得不到认同和支持。后来她终于明白团队合作的重要性，学会了圆通处世。

我把自己的策划案整理了一下，胸有成竹地描绘出大好前景。太太看完，冷静地批评我写得有些空洞，没有制定风险控制措施。于是，我反复推敲，努力把成本降到最低，加上风险预测范围，修改过的策划案可行性更大了。这种强大的力量就是批评，批评能让人进步。

本杰明·富兰克林曾经说过："批评者是我们的朋友，因为他们指出我们的缺点。"批评你的人的出发点是为你好，这种朋友是你真正的朋友。

我们常说"爱之深责之切"，就是这样，否则他为什么要说这些话招你的厌烦呢？因为他知道，能直言不讳地批评你的过失、缺点，是对你负责的表现，才是真正的好朋友。

与别人的真情相应，我们更应该从别人的言语中找到可以借鉴的地方，发现自己的不足，才能有更快的进步。因此要善待别人的批评和质疑。

排斥批评的人往往显得短视，心胸狭隘，不易与人相处，这样的人很难有一种开阔的思想境界，也就难以取得实质性的进步。

性格分析专家乐嘉曾经在微博里说，当朋友指出他的缺点但他根本不认同时，他常立即反驳或找出朋友的问题回敬。

他反思说，这样的做法无比糟糕，会阻隔、过滤、摒弃掉许多真正有益的信息，以后得到箴言的机会越来越少，而我们付出的代价将越来越大。好的做法是心有不同，但要马上追问："真的抱歉让你这样想，你可以告诉我为何有这样的看法吗？"说了这样的话，你会得到更多更中肯的意见。

与批评你的人交朋友，就是与智者交流。交流中，你可以感受到窗外秋日阳光的暖意了。你也能在阳光的照射下，杀杀菌、消消毒。去除污垢，你的思想更清洁，身体更健康，又可以听到自己拔节生长的声音。

一句话安慰

爱之深，责之切，能提出中肯的批评意见的朋友，至少证明他的心灵是向你敞开的。

能容纳对手，就不会有对手

曾经有记者问奔驰的老总："为什么奔驰能进步飞快，风靡世界？"

奔驰老总回答说："因为宝马车把我们追得太紧了。"

这个记者转身问宝马老总为什么宝马能如此，宝马老总的回答是："因为奔驰车跑得太快了。"

我们对于竞争对手的观感往往不佳，竞争对手好似眼中钉、肉中刺，不拔了它就吃不下饭、睡不着觉。如果竞争对手掉进河里快淹死了，有些人还真可能像麦当劳的创始人克洛克说的那样，赶紧把水龙头塞进对手嘴里。

前几年，我一直关注央视经济频道的《赢在中国》节目。作为评委，阿里巴巴的创始人马云曾做出了许多精彩深刻的评论，其中令我印象最深刻的一句是："心中无敌，无敌于天下。"

这句话可以这么理解：虽然在现实的职场和商场中对手必然存在，但在心中，我们不应该把竞争对手当成敌人，而要把他当成值得学习的老师，当成激励我们进步的朋友。

最初，百事可乐一直是地方性饮料品牌。后来，他以老牌的可口可乐为对手，抢先打出了"年轻一代"的品牌口号。而同时，老牌的可口可乐也从后辈身上看到了活力和创新，开始了痛苦而伟大的自我革新。

这对伟大的对手从彼此的身上找到了活力和新的灵感，并从此造就了一场伟大的竞争。

肯德基与麦当劳也相互竞争了几十年，两家企业的每一处分店几乎都比邻而居，烽火不断。正是互为强劲对手，使得彼此成了世界上排名前两位的快餐店。

年少时，我喜欢读古诗文，现在还依稀记得柳宗元先生在一篇文章里讲到大家都仇恨对手，却不知道对手带来的好处更大；大家都知道对手会伤害我们，却不知道对手带来的利益更大。他说："敌存而惧，敌去而舞，废备自盈，祇益为愈。敌存灭祸，敌去召过。有能知此，道大名播。"意思是说：谁能知道对手的意义，谁就能发展壮大，声名远扬啊。

拳王泰森击垮了一个又一个挑战者，可谓拳坛无敌。胜利和荣耀给泰森带来的是麻木、纵欲，目空一切，以至于最后获罪下狱。没有对手，没有刺激促使其发展自己，使得拳王自己打倒了自己。

因为有了狼的追逐，鹿群才激发出了奔跑的潜能，长久地保持生命的活力。因为有了鲇鱼，被捕捞的沙丁鱼才能保持活力。

对手，可以说是成就我们的另一只手。

难怪，面对新杀入厨具行业的对手西门子，已经成为行业领头羊的方太厨具总裁茅忠群兴奋地说："西门子的出现让我们更清晰了奋斗的方向！"

当下属愤愤不平地抱怨竞争对手限制、打压我们的产品，抢占我们的市场份额时，我就会告诉大家，竞争对手是很好的老师，他们告诉我们什么可以做，那些路可以走，还激励我们埋头苦干创新产品。我们的全部精力不是研究怎么打垮对手，而是应该从对手那里学到新的东西，提升自己。

在处理与竞争对手关系的问题上，认识到对手的价值是值得称赞的。如果能在这个基础上主动给自己培养对手，这既是一种智慧，也是一种勇气。

战国时代，韩国相国公叔与韩王爱子几瑟争夺权力。后来，几瑟被迫流亡，公叔欲派刺客暗杀几瑟。公叔的谋士劝道："韩太子伯婴之所以重用你，正是为了牵制几瑟。若几瑟死去，你也必然要受到轻视了。只要几瑟存在，太子就不得不依赖你。"

林肯坐上总统宝座之后，将视自己为仇敌的萨蒙·蔡斯任命为财政部部长，这形同在自己的椅子上钉钉子。林肯的理由是：蔡斯先生离我越近，就越能督促我快跑。

不是所有事都是"不是你死，就是我活"。如果说，你是一枚硬币的正面，那你的对手就是它的反面。虽然平放的时候只有一面可以朝上，但是如果失去了一方，那另一方的存在就没有意义了。而且，进取的脚步也会停止。

世界微波炉霸主格兰仕在中国微波炉市场的占有率一度达到了70%。

1998年，格兰仕通过低价策略，击退了所有的行业竞争者，登上了市场占有率第一的宝座。但是，这种垄断是脆弱的，是暂时的，不但没有为其带来高利润，反而使其举步艰难。

为了维持经济形态的平衡，2006年，格兰仕艰难转型，提出"和谐共赢"的口号，期待海尔、美的、松下等竞争对手的合作和发展。

不要期待消灭所有的对手，独占天下。有句话说得好，企业的危机不是看到对手强劲，而是发现对手在衰落。

我们不应该做"霸主"，而应该做"老大哥"，要懂得去扶持和培养竞争对手。

德国连锁超市阿迪毫无保留地把自己的成功经验传授给竞争对手，因为阿迪的总裁卡尔认为培养竞争对手的好处就是当竞争对手进步的时候，阿迪也不得不进步。

试想，如果阿迪与竞争对手同时进步，或者比后者进步的幅度更大，那么阿迪确实再也没必要担心了。

从这种角度去看，我们不应把对手置之死地，有时候要乐于看到对方的强大。这才是更理智、更高明的竞争方法。

一句话安慰

乐于看到对手的强大，表明自身还有更大的作为，还有更大的成长空间。

别逃避责难，你要冷静面对

身为职场新人，你认真踏实，从不偷懒，还按领导的指示帮别人做事。可你觉得越来越累，无奈拒绝了同事一两次。结果，那个昨天还与你要好的女同事转过背就跑到领导那里打了你的小报告："她不会合理分配时间，同事们要她帮忙她也不肯。"

前辈让你根据资料做报表，你熬夜做好，却遭到上司批评，因为你漏了几张重要资料。可是你手里明明没有，前辈却坚称已经给你了，还在老板面前说你一向马虎。

马上就该升职了，结果同事却散布谣言，说你贪污公款。明明没有的事情，但是上司还是决定暂停你的升职。查来查去，半年后，清白是有了，但是这件子虚乌有的事情却让你的职场生涯蒙上了阴影。

你明明是因为和上司相处不好才决定离职的。但是离职后，你才知道上司向老板提交你的辞呈原因时，说的却是你对奖金不满，想另谋高就。

在职场里，别人有心多说一句或少说一句，你都可能遭殃。背黑锅，当替罪羊，被骂被炒，都不在话下。

曾听说过这样一个故事，女孩汪萱刚毕业，英语很一般，在外企里当助理。

一次，她把一份重要材料弄丢了，如果不及时找回，项目的进度就会被拖慢。好在资料第四天就找到了，项目进度也没受影响。

这事情本可以不上报，但是平日里就看她不顺眼的张姐表示要往上报，连邮件都写好了。

汪萱想，资料已经找到了，上司知道后顶多怪自己没有保存好。她看过邮件，觉得没问题就同意发送了。

谁知，邮件发出不久，汪萱就被上司叫到办公室里臭骂了一顿。

问题就出在这封英文邮件上。关于丢文件这件事，英文应该用一般过去式表示，但是邮件里却用的是现在完成式，这下意思就变成了：文件丢了，还没有找回来，结果项目进度被拖慢了。

被诬蔑、攻击、造谣，生活中可以说屡见不鲜。在有利害关系、人际关系复杂的职场、商场和官场里，对手的设套，别人的故意栽赃，更是防不胜防。有心计的人，哪怕是用一个简单的英语时态，一个不注意签错了的名字，都可以为你挖一个陷阱。

怎么办？抱怨？愤怒？找人对质？找上司陈述冤情？运气好时，有票据、文件或证人能帮你解围；运气不好，那真的会遍体鳞伤。甚至，还有人选择以死证明自己的清白。结果，他不但丧失了挽回事业、家庭的机会，那些怀疑他的人反而都会认为他是畏罪自杀的。人生清誉毁于一旦！

此时，唯有如履薄冰、谨言慎行，智慧冷静地分析之后再来解决。

当你被陷害，一定不能一味忍让，而是要抓住机会证明自己的清白。

我以前的单位就发生过一件事。有个女同事把自己的策划案交给上司，却得到抄袭其他同事创意的严厉批评。

面对上司的不满和经常主动帮助自己做工作的好姐妹兼同事的那份策划案，她哑口无言，没有办法证明自己的清白。

后来，她在做另一个案子的时候，明面上还是和那个同事一起做，但是暗地里，她把早就做好的策划书交给上司。这次，同样的事情没有再次发生，她才得以证明了自己的清白。

当发现被陷害时，不要气急败坏，如果不冷静，那就会说出些鲁莽的话。

很多人面对上司的指责，往往会失去理智，随口说出一些指责其他人的话，或者说上司不辨是非、颠倒黑白。这样会让人更加不信任你。你今天所说的一切都可能成为以后的呈堂证供。

一定要冷静之后再开口，否则，就保持沉默。

害人之心不可有，但防人之心不可无。怀疑人很累，但是如果不去怀疑，不留个心眼，那么等你遭遇了"陷害门"，那就更累了。

对自己的言行要怀疑，你的电脑是否有密码保护？做这件事情的时候，需不需要别人知道？需不需要准备备份？我说这些话，会不会让人觉得我骄傲，难相处？我这么冲动，会不会被人利用？对别人要做的事情怀疑。他这么好心，会不会有什么企图？他帮我接待客户，变我的客户为他的？

这不是要我们整天疑神疑鬼，而是要多观察周围的人和事，万事留个心眼，谨慎待人处事，争取做到防患于未然。

一句话安慰

谣言止于智者。放平心态，冷静应对，一切谣言和诬陷都会不攻自破。

一味偏袒你的不一定是真朋友

我曾在《意林》上读过一篇文章，作者丽莎经历了一次糟糕透顶的签名售书活动，然而正是这件事让她懂得了朋友的真正含义。

原来，3个小时的签名售书活动总共只来了两个人，而且那两个人好像只是碰巧到书店，出于对丽莎的同情每人买了一本。这对于一个把作家当作宏伟梦想的人来说，是一件非常丢脸的事情。

于是，丽莎打电话给做销售的好友莎伦，希望能从对方那里获得同情和爱护。但是，当丽莎一口气将自己的苦水倒出来之后，她却没有得到好友溺爱性的安慰，迎来的反而是莎伦教官似的咆哮。

莎伦在电话里责问丽莎："你老实对我说，在那个书店500米的范围内有人会买你的书吗？……难道你熬了那么多个夜晚写成这本书，就是为了像个呆瓜一样坐在那里，等着别人向你走来吗？你对这本书的关心，有没有达到让你走出去推销它的程度？"

在丽莎失意的时候，好友拒绝用袒护、溺爱的言辞进行安慰，也没有选择口不择言地替丽莎谴责读者，反而给陷在失意里的丽莎来了一个诘责和反问。

说实话，从长远的眼光来看，相对于那些甜言蜜语的安慰，这些话显然更有醍醐灌顶的作用，更能帮助丽莎走出困境。

当然，莎伦并不只是一个会教训人的朋友。在丽莎第二次签售时，莎伦走遍商场，帮忙派发明信片，直至丽莎将库存的书全部卖完。

在文章的最后，丽莎写道："我们都希望得到支持，但朋友不该是那些只会给你巧克力蛋糕吃的人，有时他们应该敢于叫你节食减肥。在你喋喋不休地抱怨自己的配偶或者上司时，他们并不总是站在你这边。有时候，他们爱你爱到会坦白地告诉你，你才是需要成长的那个人。"

我们古人常说诤友，这何尝不就是诤友呢？伟大的朋友不是一味偏袒宠溺你的人，而是一个敢于修理你，敢于直言告诉你"你错了"的人。

三国时期吴国的徐原，一看到好友吕岱有过失就直言批评，因而被吕岱引为诤友。当徐原去世时，吕岱痛哭流涕，因为他知道诤友的可贵。

唐朝诗人韩愈一生都对张籍这位诤友怀有感激之情，因为尽管韩愈有名望，但是张籍仍不断指出并帮助其改正不虚心和赌博的恶习。

不幸的是，现在很多人都喜欢那些"给自己拿巧克力蛋糕的人"，反而讨厌那些叫自己"节食减肥"的朋友。

女同事蔷薇的丈夫有外遇了，男人准备和蔷薇离婚再娶新妇。自尊心受伤的蔷薇决定不放手、不松口，就算不爱丈夫了也不让他和第三者结婚。蔷薇的闺密自然都支持她，甚至还提出要帮她一块去围堵教训第三者。

但是，一位因同样原因离婚的朋友反而劝蔷薇放手，认为既然已经不爱了，那就没有必要因为自尊心问题而让自己陷入痛苦，让幸福越走越远。蔷薇自然不听，还指责这位朋友离婚时太过软弱。

相比于总是支持你、偏袒你、溺爱你的朋友，那些批评你、修理你的朋友真的是令人讨厌。因为他说的都是让你不高兴的话。

比如，你把宏伟的理想、计划对他说，他却毫不留情地指出其中的问题，打击你的积极性；你把自认得意的事向他说，他偏偏泼你冷水，认为你是得意忘形；甚至，偶然会通过一件小事，就把你做人做事的不足数说一遍……反正，你总是感觉他在抨击诽谤你。

如果你做错了，朋友却总是袒护你，认为你这么做是对的，你不会改正错误，更有可能再次犯同样的错。这和父母一味宠孩子，以致让孩子是非不分走上歧途，很是相似。

网友阿龙是警察，他的一位朋友酒醉后闹事被带到了公安局，正好阿龙值班。虽然知道是朋友不对，但因为是朋友，阿龙小事化了，帮对方解决了争端。自此，朋友一直称阿龙"够哥们""有义气"。

不久，阿龙的朋友又一次因酒醉闹事被送进公安局，甚至在公安局大喊："我没错，我告诉你们，我哥们在这儿呢，我不怕，再大的事情他都能帮我摆平。"

听到此话，阿龙后悔不已，没想到偶然帮朋友一次，对方不但没悔改，反而还以为有了后盾，越发敢闹事了。想到这样做对朋友有害无益，所以，这一次阿龙没有姑息，反而很严厉地指出了朋友的错。

马克思曾说："友谊总是需要用忠诚去播种，用热情去灌溉，用原则去培养，用谅解去护理。"我想，之所以"用原则去培养"，也正是告诉我们当友谊变成了意气用事的"江湖情"，当我们开始袒护对方胡作非为的时候，这样的友谊很可能不会长久了。

"益者三友，损者三友。友直，友谅，友多闻，益矣；友便辟，友善柔，友便佞，损矣。"所谓"直"，也正是说出友谊的原则，那就是正直、能讲公道话，不偏袒宠溺朋友。

如果你遇到了明知道你听了之后会反感，但是替你着想还是把你不想听的话说出口，这种绝对无求于你，但出发点是为你好的朋友，请你珍惜，因为这样的才是真朋友，才能让你觉醒和成长。

一味偏袒你溺爱你的朋友不一定是真朋友，那些明知你有缺点而不说的人，甚至"鼓励赞扬"你的人更有可能别有居心。

一句话安慰

当遇到直言批评你，指出你错误，会修理你的朋友，请你积极看待这样的人，因为他极有可能是你的益友和诤友。

感谢用冷水泼醒你的人

周宇脑瓜子特灵光，不安于当教师，就辞职做生意。他一会干这，一会干那，妄念太多，最终一事无成。

穷困潦倒的周宇向好友求助。好友念及多年交情，决定给他机会，让其担任了营销经理。周宇这次时来运转，展示了才华，还挣到了以前从未挣到过的钱。

好友知道周宇有高血压，不能喝酒，就时常劝他戒骄戒躁，不要与好喝酒的狐朋狗友来往。但是，周宇好不容易发达了，怎么能不炫耀？他面承实违，时常和酒肉朋友聚会狂欢。

好友几番警告无果，只得放弃。而最终，周宇因为饮酒突发脑出血。人是救回来了，但是周宇从此只能瘫痪在床了。

我们常问：什么样的朋友才值得交往呢？有人说是那些在我们寒冷之时给我们生火取暖的人，也有人说是在我们失意之时第一时间出现在跟前给我们鼓励和信心的人。但是，我想说，在我们头脑发热之时给我们泼冷水的朋友更值得我们交往。

当一个人事业有成、受人追捧的时候，往往会脑门发热，沉浸在自我膨胀和幻想的泡沫中难以自拔。这是人之常情。但是，如果没有人给你泼盆冷水，你可能一直飘飘然，直到遇到大灾难才会清醒。所以说，这时候给你敲警钟、泼冷水的朋友是在告诫你不可得意忘形，能将你拉回到现实世界。

那些真正为你好的人，那些在你脑门发热、自负狂妄时打击你的人，才是真的对你好。

大文豪萧伯纳凭借出众的才华和幽默的语言赢得了很多人的尊敬与仰慕。这也让他变得自负自大、尖酸刻薄。

后来，一位朋友私下给他敲警钟，说虽然萧伯纳幽默风趣，但是大家都觉得，如果他不在场，大家会更快乐。

朋友问萧伯纳："你的才华确实比他们略胜一筹，但这么一来，朋友将逐渐离开你，这对你又有什么益处呢？"

听了朋友的话，萧伯纳如梦初醒，他意识到如果不收敛锋芒，改变自己尖刻的形象，社会将不再接纳他，又何止是失去朋友呢？于是，他下定决心改变自己，要把才华发挥在文学上。果然，这一转变造就了萧伯纳在文坛上的崇高地位。

试想，如果没有朋友的适时提醒，萧伯纳很有可能继续逞能，文坛也可能少了很多巨著。所以说，诤友就是这样可靠的朋友。

当然，受人追捧会令人脑门发热，但冲动是魔鬼，当情感冲破理智的时候，我们很有可能已在怒气中犯下错误。这时候，有一位给我们泼冷水的朋友在身边，那能有效预防悲剧的发生。

三国时，关中豪强许攸拒绝率部归顺曹操，还谩骂曹操。曹操大怒，准备下令讨伐许攸。群臣纷纷劝曹操宜用招抚的办法使许攸归服，以便集中力量对付其他诸侯的侵扰。曹操一点儿也听不进去，横刀膝上，群臣们吓得不敢作声了。

这时，杜袭上前劝解道："像许攸这样的凡人，怎么能了解殿下非凡的为人呢？所以，你犯不着跟他生气。现在大敌当前，豺狼当道，你却要先打狐狸，人们会说你欺软怕硬。这样的进军算不上勇敢，出兵也算不上仁义。我听说张力千钧的巨弩，不会对小老鼠扳动扳机；重量万石的大钟，不会因为小草棍的敲打而发出声音。现在小小的许攸，哪里值得烦劳您的大驾呢？"曹操听了，觉得言之有理，就接受了劝告。

诤友总是会在我们被热情、荣誉、权力、成就等环绕得晕眩时对我们泼一盆冷水，以便让我们头脑清醒、精神振奋。如果身边总有一位这样的朋友，那接受泼来的冷水能让我们更睿智。

一句话安慰

泼冷水的朋友更在乎我们的事情，更关心我们的事情，更是把我们的事情当回事去思考了。

珍惜善意提醒、规劝你的朋友

西方人对友情的诠释是："不仅是当一个人遭遇挫折时的帮助和呵护，更重要的是当你一帆风顺、得意忘形时的冷静规劝。"但，现在我们已经很少听到朋友的规劝了。很大一部分原因在于，别人的规劝，我们往往把它当作是对自己的攻讦。

比如，我们劝一个总是和上司吵架的人忍耐脾气，他反而会骂我们没脾气。我们劝年轻人不要为爱抛弃家庭时，对方却鄙视地说我们不懂得真正的爱情。

当朋友和男友如胶似漆的时候，我们偶然发现了其男友的背叛，如果善意规劝其留心，她反而可能会认为我们挑拨离间。

同样的，当他准备告诉你你该怎么做才正确的时候，他会首先问自己，值不值得他这样做。如果你本身和他有隔膜，并且你可能会把他的规劝当成一种伤害或讽刺，那他又何必呢？于是，朋友选择沉默。

规劝是朋友之间应有的大义，但是真要这么做又谈何容易。在当下的人际关系里，朋友的善意劝告可能被当成了多管闲事、瞎操心。要不古人不会说："朋友之交，至于劝善规过足矣。"

如果你能拥有一个设身处地为你着想，会善意提醒你的朋友，那是很幸福的。毕竟在如今的社会里，权势、金钱等时时围绕在我们身边，难免有人犯糊涂。如果有几个头脑清醒、为人正直、能够对我们直言相谏的畏友，那就实在太幸运了。

宋真宗时，寇准升为宰相，多年好友张咏在两人临别之际，说道："《霍光传》不可不读。"寇准不懂他的意思，回府之后赶紧仔细阅读《汉书·霍光传》，读到"光不学无术，暗于大理"时，恍然大悟，明白张咏是让自己多读书以加深学识。

试想，如果没有张咏，寇准可能还没有注意到自己虽居高位，却仍有不足之处。

一位朋友属于毒舌型的，早年我留学欧洲，跟他抱怨有些书自己一点儿也看不懂，他却说因为我英语不够好，可以善假于物，向外国人请教。一次我说我逃课了，他竟然说我是不是欠揍。

尽管如此，但事实上，他总是在我最需要的时候认真地规劝我，说"你要逼自己""有时候有近期的希望就好""如果真的那么难，如果你适应了，以后就没有难题可以让你皱眉了"，等等。

与其说这样的朋友喜欢挑刺，不如说是成就了我们。他们凭借自己的人生经验，或者从站在旁观者的角度给你提供很多中肯的建议。他们不一定是你的师长，但是，会是你的人生导师。

网友曾经把自己男朋友带到两位好朋友安迪和珊妮面前"过目审查"。珊妮很像《老友记》里的瑞秋，果敢尖锐，她对这个男人持保留意见，希望网友再考察一段时间。网友起初还很不相信，但是半年后，男友就见异思迁了，对象竟然还是网友的同事。

注意，规劝的时候，可以勉励或直言相告，但是不能站在第三方或者众人面前张扬朋友的过失。接收到别人建议或指点的人，要仔细思考他说的是否是真的，是对的。如果是，那一定要虚心接受。

一句话安慰

　　爱听好话是人们的正常心理，获得他人和社会的认可，这是人的正常需要。肯打破你的心理需要，直言规劝你的朋友，值得珍惜。

真正的朋友需要如琢如磨

我曾问正在读研的侄女，她所认为的最幸福的事是什么。她说，那莫过于有一位志同道合的考研盟友。

侄女回校复习，和正读本科的学妹一起租房复习考研。因为学妹低一届，总是以侄女为榜样，所以侄女时刻都感觉对方在督促自己，使自己不敢倦怠放松。

那段日子，她们两个人每天学习到晚上十点多，跑步聊天时会给对方提供法律案例让另一个人分析，然后一起讨论，彼此都感到受益匪浅。

这段相互砥砺、共同进步的学习经历，最终使两人都考上了自己心仪的学校，并且结成了珍贵的友谊。

有朋友能相互责难，相互砥砺，相互切磋，共同前进，是人生的一大乐事！

一个人思考和做事时，往往会因为思维单一或者力量不足，很难自我提升，但是如果能有一个志同道合的朋友，一起讨论学习，互相砥砺前行，这样能够形成一种积极向上的气氛，对于意志力的激发和能力的提升都极有裨益。

交朋友我们都会，但是交什么样的朋友我们不一定真正知道。朋友不是附庸，不会只有赞同、附和，更多的应该是在现实生活中互相砥砺、切磋交流。

明代苏浚《鸡鸣偶记》将"道义相砥，过失相规"的朋友称为畏友，更是君子之交。君子之交可能平淡清纯，但是却是以相互砥砺道义、切磋学问、规劝过失为目的的，是可以风雨同舟、共渡难关的。

现在很多人交朋友是为了搭建人脉网，想着等哪一天自己需要帮助的时候有人可以帮助自己。别人和我们交往也是出于这个原因。这就是"同利"。

比如，你与一个朋友合资入股开公司，这并不能算真朋友，而是出于共同的利益目的。在商场上，利益主宰了一切，也许明天你们就可能因为利益而分道扬镳，甚至反目成仇。这样的朋友只是泛泛而谈的朋友，可能是假朋友或者暂时的朋友。

真正的朋友应该是"同道"。朋友之间应该有着共同的志向和奋斗目标，彼此可以互相砥砺，这样才有共同语言，也能共同进步提高。但是这样的朋友实在太少了。

东汉时，管宁与华歆二人为同窗好友。但是华歆对锄草挖出的金子视如珍宝，管宁却视如瓦片；华歆出门观看达官显贵，羡慕不已，管宁却不受影响，继续读书。管宁见华歆与自己并非真正的志同道合，就割席而坐，不再和华歆为友。

志同道合的人才是真朋友，在现实生活中，可以责善，才能砥砺仁义道德和学识进步。

我认识几位国画画家，他们不逐私利，一心向善，一心钻研艺术，互为良师，互为益友，在人生和艺术世界里相互砥砺、相互滋养，创作出了很多艺术珍品。

现在交友，不少人看的是对方有没有权势、地位、财富、名誉，或者种种方便。以中国文化的标准来衡量，这绝非真正的朋友之道，不过是市井之交罢了。

可悲的是大家还以为自己朋友满天下，却不知这里面是否真有那万中存一的畏友。

注意，交友最应该重视的是人品。与善人居，才能如入芝兰之室，久而不闻其香，是因为我们已经转化为善。

当然，我们看一个人的人品，也要从这个角度看他交往的朋友是什么样的。

一句话安慰

真正的朋友一定是互相欣赏的两个人。除了相互欣赏，还要相互提醒。只有放平心态，敞开心扉，才能接受朋友的规劝。

成材要经得住严师的考验

初中同学聚会时，大家聊到当年的英语老师，感触良多。

英语老师最严厉，对我们大家的功课要求一点儿也不松懈，当年大家怨得不行，私下评论他是最痛恨的老师，还故意往他的凳子上泼水。现在年长了，才意识到严师的好处，严是认真，是爱。

在我们的人生路上，难得遇到严师。

所谓的严师，并不仅仅指那些像"虎妈""狼爸"那样严苛型的老师，而是愿意要求自己，且针对自己不足之处或弱点来要求与训练，可以让自己因此得以脱胎换骨的人。

一位朋友当年在车间工作，就遇到了严师。

他说："离开机床不关灯？张师傅能半开玩笑地把灯泡给拧下藏起来，看你着急不着急！擦拭机床不认真？张师傅能用手去抠出一团油污，看你惭愧不惭愧！"

有一次，师傅要他设计一个配开关用的铁皮盒。当时对钳工并不在行的朋友贸然地做了一个。师傅一看，竟然一把摔在了地上。朋友一下就懵了，严厉的师傅把存在的错误一一指出。朋友鼓起勇气又做了一个，师傅端详许久，才微笑着说："这还像个样子。"

朋友在师傅"学技学艺尤须精"的教导下，最终能独当一面。

很多人在遇到严师的时候，往往无法在当下领悟严师的好处。他们期望自己的人生导师是个好好先生，是个慈眉善目的人。但这在职场上显然是不现实的。

我认识一位老板，对工作要求很严格，训人也很厉害。一些大家认为可以过关的计划或策划案，到了他那里，往往会被要求重做。

下属们每天都抱怨老板训人不留情面，但是他们没有发现，在老板的这种"教育"下，他们都学到了一些本事，并且抗压力也很强。

有严师不够，如果你扛不住严师的考验，那你也很难成材。

什么才是高徒？高徒首先必须有一颗不怕吃苦、愿听老师教诲的心。

当年，纪昌向射箭高手飞卫学射箭。飞卫的第一个要求就是先学会不眨眼。纪昌回到家，仰卧在妻子的织布机下，眼睛注视着梭子练习。

三年后，即使用锥尖刺眼皮，他也不会眨眼。

又见飞卫，飞卫却说："你功夫还不到家，回去把小的看大再来。"

纪昌回家用牦牛毛系着虱子悬挂在窗户上，每天看，直到三年后感觉虱子像车轮一样大，一射即中。

再见飞卫，飞卫高兴地告诉纪昌他已经学会了射箭。

在不同时期或不同岗位上，我们曾多次作为"新人"受到前辈们的指导。你能不能出师门下山，那就看你是不是有纪昌身上这种愿听教诲、不怕吃苦的态度了。

网友飞雪遇到了性格彪悍的女上司。这位上司工作能力强，对下属向来严厉，经常对做事不到位的同事破口大骂。

上班第一天，飞雪因没搞明白上司要的是哪个文件而招来一顿训斥："哪个文件？今天的工作重点是什么，你不知道？我们开会要讨论什么，你不知道？还要问我……"

从此，飞雪每天小心翼翼，努力让自己的每一个表现都无懈可击。尽管女上司依然对她百般挑剔，但她自己却明显感觉到工作能力的快速成长。

在面试下一份工作时，飞雪思维的缜密和行事作风的硬朗，获得了面试官们的一致好评，薪水翻了四番。

飞雪说："我不会憎恨她，我只会感谢她，没有她的锤炼，我怎会有这么快的成长？"

宝剑锋从磨砺出，梅花香自苦寒来。成材要经得住严师的考验，把这种考验或者说是不公当成一种恩赐，视之为小河流水，心中没有任何怨恨。

若能如此，成材自然水到渠成，甚至连修禅也并非难事了。

一句话安慰

放平心态，放空心态，才能学到得更多。

别人的偏见，不值得你伤神

　　网友桃子说自己的男友看她不顺眼，总是在挑剔她，就像在石头里找鲜花。她觉得自己很受伤，这样叫什么谈恋爱。于是她决定分手，心想早点儿离开这种男人才是幸运。

　　有一类男人，可以叫作"挑剔男"，他们的挑剔本身没有恶意，只是想用这种方式催促你成长，让你变得更完美。但是，你不但不学、不变，还怪他太挑剔，那就太不对了。

　　曾听说过一个故事，有两个男人喜欢一个女人。女人喜欢A，但是A总是挑剔这个女人，见面就数落她胖，数落她得过且过、不好好上班等。而B呢？他总是夸这个女孩，哪怕女孩做得不对，他也赞美。

　　女人理所当然选择了B。婚后，女人在B的影响下，觉得自己一切都好，就停止了美容、健身、学习充电，安于现状。

　　三年后，女人变成了面色蜡黄、身体发福的中年妇女，B弃之而去。

　　这时候，A出现了，他还是不停地挑剔她。女人化悲愤为力量，为赌一口气，把A说的毛病都改了。结果，看着镜子中新生的自己，女人才发现挑剔有时候也是对的，也是一种关爱。

　　很多男女都会抱怨另一半看自己不顺眼，询问对方是不是已经不爱自己或者变心了。要是已经不爱，那谁还会在乎你丑不丑、胖不胖、邋遢不邋遢呢！

不要抱怨另一半的挑剔，你看不到自身的改变，也许他已经洞察到，并为了你们的未来督促着你优化自己。

一般来说，喜欢我们的人会包容我们的缺点，所以在他们眼里，我们是完美的。但是，不喜欢我们的人，因为看不顺眼，所以总是会揪着我们的错处和短处不放。

我们公司以前有一对冤家，不知什么原因，两人就是看对方不顺眼。他们一说话常常是话不投机，逮到机会就奚落对方。一个说对方冲动鲁莽，脾气大，成事不足，败事有余；一个说对方面瘫，面无表情，像个木偶似的，吓坏了客户。

其实，这两个人说的确实是对方的缺点。但是盛怒之下，谁还注意这一点。

后来，冲动的人和客户谈判想发火，但是看到面瘫冤家也在，就忍住了。为了打击对方，他不但没发火，反而和和气气地谈判成功。

结果，他的这一改变获得了上司的表扬，因为上司一直觉得他以前冲动不成熟。

如果你不知道自己的缺点是什么，那么不妨听听那些看你不顺眼的人的说法。

职场菜鸟章珊觉得前辈讨厌自己，根本不给她机会，就连开会也把她当成透明人。章珊不明白是什么原因，每天惴惴不安。

原来半个月前，章珊当着上司的面指出了前辈方案的缺陷。作为新人，章珊的行为使前辈的尊严严重受挫，还给人留下爱出风头的印象，也难怪会被同事们孤立。

怎么同上司和同事相处，话该什么时候说，怎么说，什么事情该做，怎么做，都是学问。

曾经的同事黄希虽然工作勤恳，但是能力一般，非常固执，上司对他很不满意，安排的工作是最初级的，涨薪幅度也是最低的。

意识到这个问题后，黄希决定学习充电，多学一点儿新鲜的知识，让自己快速发展。

上司或者同事看你不顺眼，有时候不是无缘无故的，除了你能力不足，还可能是你不会待人处世。你不想被人冷落，那就审视自己，提升自己。

职场上也有"爱之深，责之切"的事情，就是我们常说的"激将"。

有段时间，秦风工作不在状态，大意之下丢了几个本该拿下的客户。上司为了促使他反思，就把他"冷冻"起来了。然而，秦风却觉得整个公司从上到下都看他不顺眼，一咬牙就辞职了。

我想，如果秦风一味地拒绝正视自己的不足，这个缺点还会跟着他。

不同的人站在不同的立场，会有不同的看法。有时候，我们需要站在别人的角度上看看自己。

需要注意的是，这并不是要我们被别人的意见所左右，被那些闲言碎语所影响。

一句话安慰

做事要有主见，别人的评价有对有错，你要做的是其中对的、值得你去改变自己的那部分，其他的你无须伤神。

嫉妒你的人，让你知道自己比他强

某男士在网上发帖征婚，称自己29岁，身高180厘米，年薪20万，名校硕士学历，有房有车，外企工作。

网友回的帖子足足有3页，其中"骂"他的人倒占了大多数，什么"征婚是假，炫富是真"，什么"这么好的条件没有对象，肯定是人有问题"，什么"就你强，我比你条件还好，北大毕业，年薪30万"……

男生发帖的目的已经没有人关心了，楼下这些帖子却无一不散发着可怕的酸葡萄味。

富人、美人、才子、仕途顺达的人，多多少少都领受过别人的嫉妒。被嫉妒者，尤其是被众人嫉妒的人，那真是无论做什么事都能遭到白眼和冷嘲热讽。

中国历来有"仇富"心理。面对某项捐款无动于衷的企业老板就会被人说成吝啬，没人情味；捐得多了，他就会被说成显摆炫耀。如果他一掷千金买个新房新车，人们就会说他穷奢极欲，没有良心。甚至，还有人会暗地里散布谣言，说他的钱来路不正。

"仇富"这个说法值得商榷。没有人跟财富有仇，跟钱财有恨。这"仇"就是嫉妒，俗称"红眼病"。他小学都没毕业，凭什么他就富了？

我的能力比他还强，凭什么他的收入那么高？凭什么他有权、有钱、有房、有车、有漂亮女人，我却什么也没有？

嫉妒者大多是人生不顺的弱者，没有任何资本跟别人比，于是就只能妒忌。他们就像一群小人，瞪着不示弱的眼睛憎恨这个世界。

据说，魔鬼因为嫉妒别人的丰收，所以他会趁着黑夜到麦地里去种上稗子。

嫉妒是人正常的心理。要是你遭受了他人的讽刺和嫉妒，就生气或萎靡不振，那只能说明你的内心很脆弱。

早在三国时代，李康就在其《运命论》中说过："木秀于林，风必摧之；堆出于岸，流必湍之；行高于人，众必非之。"

不遭人妒是庸才，遭人嫉妒了，说明你有过人之处。你的才能让别人羡慕，因为你的成绩让别人嫉妒，你的光芒让别人愤恨。对方不承认自己不如你，所以只能说些酸不溜秋的话对你实施冷暴力，或者对方感受到了你对他的威胁，把你当成了竞争对手，时刻想打击你。

从这个意义上来说，你应该感到欣慰，毕竟平庸的人对他人的地位或利益没有威胁，所以也没人嫉妒他。

很多人都喜欢做个老好人、和平官，害怕遭人嫉妒。

一位满面愁容的朋友告诉我，她一直很低调，和同事相处得也不错。三个月前因为完成了一笔大订单，她得到了老板的赏识。

她说公司同事从来没有那么热烈地夸过她，不过那些夸赞她的话，听起来非但没有让她感到舒服，反而让她感觉后背一阵阵地冒冷汗。她对同事们的夸赞感到极度的后怕。

自从业绩提升，中午吃饭再也没人叫她，晚上同事活动也都不带她了。大家热热闹闹，她形单影只，完全被当成了透明人。

她甚至想到以前看的办公室政治之类的故事，整天担心自己被陷害、受中伤。

嫉妒，无处不在，就像是夏夜的蚊虫，虽然多数情况下不会给我们造成致命的伤害，但却常常会搅得人心神不定、坐卧难宁，叫人什么事也做不成。

对于别人的嫉妒，屈服或妥协虽然能消除它，但是前程和幸福都会因此而远离。

正确的态度是你要自信，豁达大度。不必庸人自扰，可以适度自我反思，有则改之，无则加勉。关键是要把嫉妒者的挑剔看成是帮你找差距，把嫉妒和嘲讽当成进步的动力。

乔·吉拉德成为世界第一的汽车推销员的当年，公司为他举办了庆祝宴会，他获得了众人的掌声。但是，第二年的庆祝宴会上，他得到的却是一片嘘声，是推销伙伴们的奚落和揶揄。

感到难堪的乔·吉拉德想到了同样遭受过群众嘘声的人——伟大的棒球运动员泰德·威廉斯，于是他获得了某种勇气。因为他知道，当竞争对手不再嘘他的时候，他就不再是第一流的人物了。那些嫉妒的嘘声，反而激励他更加勤奋地工作。

现在，有这么一种说法，"被人嫉妒，是说明你不够优秀"。

普通人之所以不会嫉妒皇帝或者总统，是因为他们和我们不在一个层次，而且差距很大。

同理，当你唱歌超过刘德华，演小品和赵本山不分高下，打篮球能和姚明抗衡，那别人不会嫉妒你，反而会喜欢你，夸奖你，崇拜你。

正如企业家周厚健曾经说过的："当你比别人高出一点儿时，别人嫉妒你；当你比别人高出一截时，别人羡慕你；当你远远超过别人时，别人依靠你。"

从这点出发，要消除别人的嫉妒，那就只有把自己变得更优秀，和嫉妒者拉开距离。一旦这种差距达到令身边的人望尘莫及的地步，自然不会再有多少人还在那儿傻呆呆地老琢磨着嫉妒你了。

一句话安慰

你被别人嫉妒，说明你卓越；你嫉妒别人，说明你无能。

第 7 章

CHAPTER SEVEN

自由去爱：

无论多爱一个人，都不要去寄生

没有人能用一生的爱来供养你，
失意、失恋、失婚，以及在爱情里所受的苦，
都不过是一块令你成长的跳板。

每一个前度，都让你有一次成长

有一天，朋友跟我聊到她一段失败的感情。

她说："经历过这段感情后，我才发觉自己以前根本不懂爱。以为是爱，其实只不过是对伴侣不停地要求，要求自己被宠爱，要求对方顺从……"

"以前总是觉得自己是受害者，分手后觉得永远是他的错，辜负了我的一往情深。但是，我后来发现自己错了，他不是没有为我付出，是我辜负了这段感情。"

因为不懂爱，多年来，她得不到心灵上的宁静，最后让自己很受伤。

失败的恋情，首先是一种不幸，但是随后却是一种幸运。一个人能经历这样一段恋爱旅程是有福的，他能从固执、迷乱、痛苦回归到开悟、平静和喜乐。这样的爱，没有浪费生命和青春，能为我们带来更大意义——让人获得成长，更加成熟。

朋友张晨已步入中年，是模范丈夫。他之所以成为爱妻模范，源于一段失败的爱情。

大学时，表现平平的他赢得了系花胡玥的芳心。这大大满足了他的自尊心，甚至使他有了吹牛皮的资本。他说："但是，就是这种虚荣心断送了我和胡玥的幸福。这就是年少轻狂吧。"

五年后，虽然胡玥的父母看不上张晨，几次逼他们分手，但是胡玥还是顶住了父母的压力和他订了婚。

一天晚上，张晨和几个同事喝酒，酒酣耳热之际，不知谁起头说："就不信你和胡玥感情就真那么好？不信就打赌，从现在开始你冷落她一个月，看她还跟不跟你好？"张晨头脑一发热就答应了，赌注是一顿饭。

谁知，当晚胡玥突然来找他，听到大家说起打赌的事情，胡玥当时的脸色就变了，眼神也不对。可张晨在哥们面前不好示弱，加上喝了酒，就只好装着满不在乎。

僵持了很久，胡玥张口想说什么，却什么也没说，只是将订婚戒指拔下来掷还给了张晨。

张晨重重地吸了一口烟，说："当时为了面子，我连一句挽留的话都没有说，她是含着眼泪离开我的。她再也没有原谅我。"

拿千金不换的爱情赌一顿饭，用虚荣碾碎了恋人的心，这是不成熟的表现。

后来，张晨又自顾自地说道："但我想清楚了另外一件事，当你拥有一份感情的时候，你一定要用心去对待它。"

初恋往往不成功，是因为不成熟，没有能力让那场恋爱生存下来。

据说，初恋结婚成功率只有千分之三。思想的不成熟和冲动导致了很多恋情无疾而终，甚至成了伤痛的过往。

《前度》的导演麦曦茵说："每一个前度，都是一次成长。"爱情的失败让我们发现了自己的缺点，有了接受和改变自己的机会。感谢那些相爱过的人，他给你的不仅是爱，还有让你成长，让你明白什么是爱。

李连杰曾经在《艺术人生》里谈及自己和前妻的婚姻。他说："因为出名太早了，很小的时候又不知道感情是什么，就知道这个女孩漂亮，那个女孩对我好，就这么简单。"李连杰表示第一次婚姻的失败在于对爱情的不成熟，没有为爱付出。

他曾经说："以前觉得被爱是幸福，那是年轻人的想法，真正进入生活的时候，你爱他人的感觉真的是挺快乐的……你付出他也付出，他付出你也付出，就是彼此这样不断付出。"

记得江苏卫视《非诚勿扰》的一期节目里，有个女嘉宾说："离过一次婚的男人是个宝。"因为曾经的婚史是一个人的经验，有了以往的经历和教训，他会更懂得如何心疼、关爱和照顾人！

现在很多女孩子找对象都更愿意找一个比自己大一点儿的成熟男人，因为她们明白，和同龄或者比自己小的交往，只能像照顾弟弟一样纵容忍受着他。一个比自己大的男人，更沉稳、懂生活、有内涵，更懂得照顾女人、经营家庭，更可能相互扶持着过一辈子。

漫画家朱德庸说过的一句话非常好："失意、失恋、失婚，以至我们在爱情里所受的苦，都不过是一块跳板，令你成长。"

一句话安慰

失败的恋情是人生的一段经历，从中有所成长，这样才能对得起下一个真的珍惜自己的他。因为成长之后的爱情，才是更圆融的爱。

不成熟的恋爱永远变不成婚姻

一个三十多岁的男人为追一个女人费尽了心思，因为那是他的第一个女朋友。

后来，他如愿了，与心爱的女人结婚生子。

故事到这里本应该是一个完美的结局了。谁知，一年后，他们的婚姻爆出了最大的冷门——这个男人有了其他女人。

事情发生后，男人为自己辩解道："曾经没有真正谈过恋爱，现在想尝试一下。"

很多人想给这个男人一个掌掴。因为我们能接受浪子回头，但不能接受一个纯情的好男人变坏。

许多人都渴望遇见一个专一纯情的人，一生一世一双人。

传说，荆棘鸟在一生中只爱一次，并会为这次爱滴血而死。这个凄美的悲情故事几乎影响了一代又一代的年轻人。但是，"一个人一生中只有一次真爱"的神话，需要打破。

这世上有两类男人，一类在开始的时候很专情很纯粹，他什么都没有经历过，可是后来越来越经不住诱惑，跃跃欲试，抵制不住，变得很花心。而另一类男人恰恰相反，他们早年换女朋友如换衣服，但是当他们看透爱情的时候，就会变得非常纯情和格外珍惜爱情。

显然，嫁给后者是幸福的。这就是为什么人们都想当花花公子的最后一个女人。

记得《非诚勿扰》里有一个叫杨联的男嘉宾曾表示："年轻的时候我特爱玩，但我觉得玩够的男人最靠谱。"

杨联曾经有过一段失败的感情，因为贪玩，一个星期没有和女友联系，结果对方竟然闪婚了。这件事对他打击很大。从那以后，他也成熟了很多。

在这个充满诱惑、思想躁动的年代，与其养着一只未见过世面，对什么都好奇的兔子，整天担心他被什么勾走，还不如收留一只曾经沧海的老虎。

虽然他曾经花心过，但已产生了免疫力，那些诱惑对于他来说，再也激不起兴趣了。况且，他还懂了怎么爱，懂得了人间烟火终究不敌锅下的几把柴火。

我有一个女性朋友，当年上学时曾暗恋一个另类的男生。据说，对方成绩不好，一头长发，脾气暴躁，成天打架斗殴，会弹吉他。朋友迷他迷得七荤八素，被气被吼到号啕大哭还不放手，当时她宣称爱的就是他的与众不同。

多年后，再见朋友，发现她的老公脾气温和、工作勤奋、厨艺精湛，可以说是好好先生。问及是否还对"与众不同"的男人动心，她的回答是："让这种男人见鬼去吧！"

不懂事的时候，觉得恋爱就是简单的两情相悦，喜欢就好。而这样单纯的爱，往往走不到尽头，或者到了最后被现实冲击得七零八落。唯有经历过几次，我们才知道自己想要的是什么，才能选一个适合的人地老天荒。这就是经历后的成熟。

关于人应该多谈恋爱还是少谈恋爱，应该具体谈几次恋爱的问题，有一个90后的女生说，最少得谈三次恋爱，多谈几次恋爱，才能对不同的男人得心应手。

她说自己已经经历了纯纯净净的校园初恋，下一个目标是轰轰烈烈的、像火焰一样的爱恋，争取刻骨铭心。最后才是和一个人谈婚论嫁，过实实在在的生活。

不管是三次还是十次，都只是大概的约数。重要的不是谈几次，而是谈几次我们才能有成熟的恋爱观、择偶观或者婚姻经验。因为爱情是婚姻的基础，婚姻是爱情的果实。

现在很多年轻人把婚姻和爱情隔绝开来，认为爱情就是爱情，婚姻就是婚姻。这种思想是错误的。

多谈几次恋爱是为了寻找更好的伴侣，为了更好地处理好和恋人相处的感情问题，更好地处理以后的婚姻生活。

一句话安慰

感情可以多谈一些，但是绝对不可以泛滥。泛滥成"灾"了，就麻木了，不相信什么是真的爱情了。

把最好的自己留给下一个人

失恋失去的是什么？我们往往认为是失去了全世界。

苏格拉底把失恋当成哲学来谈，得出了一个结论：失恋，不过是你失去了一个不爱你的人，而他失去了一个爱他的人。

曾经有一个男人描述自己的失恋，他说："我爱她，她成了我的一切，除她之外的整个世界似乎都不存在了。那么，一旦我失去了她，是否就失去了一切呢？不，恰恰相反，整个世界又在我面前展现了。我重新得到了一切。"这就是为什么大部分男人失恋之后，能够不失落，他们认为失恋只不过失去的是爱的对象。而他们还有爱的能力，可以继续寻找爱情。

而在这一点上，女性显然比较感性。她认为他是她的唯一，失去了就不能活。对女人来说，失恋就意味着爱情已经死亡，因为她失去了爱的能力。结果，无论怎么去爱，她都再也找不到恋爱的感觉了。

看过一个黑色幽默故事，说一个对上帝非常虔诚的人，始终相信在危急时上帝一定会救他。后来，他乘船渡海遇到了风浪，船翻了，所有的人都掉到海里。救援的人赶来，第一个人要救他，他摆摆手说："不用你们救，上帝会救我的"，如是再三。在他第三次拒绝救援后，他淹死了。他的灵魂质问上帝为何不救援，上帝说："难道那三次救你的人不是我吗？"

不是没有爱我们的人，而是我们失去了爱的信心，丧失了爱的能力，拒绝被爱！

相比于男性，女人更容易在爱情中迷失，丧失自己的本真，变成男人喜欢的模样。但是，一旦失恋，她就会重新找回自我。当她回味自己的感情，她会变得成熟，有承受力，甚至还有更多爱的力量。因为她从失恋中找到了捍卫爱情的勇气和力量。

失恋者会责怪自己，"是不是我不够好？""我如果再瘦一点儿，他是不是就不会离开？""如果我有房子，她就不会另投别人的怀抱？"大凡痴情的人都执迷不悟，到了黄河不死心，撞了南墙不回头，就算知道自己面对的是一个充满谎言的爱情骗子，但还是放弃尊严只为紧紧抓着对方不肯放手。

试想，如果你家楼下有一家餐馆，东西难吃还贵，碗里还见过苍蝇，你会因为它距离近，就一而再、再而三地光临吗？不会。但是，不少男女都知道他们的另一半品性不端，不负责任。明知道在一起没什么太好的结局，但是却还要和他搅和下去，分不了手。说穿了，只是不甘和习惯在作怪。

男人对女人提出分手，理由是我是博士，你才本科毕业，我们不相配。女人在痛苦中下醒悟过来，辞了工作，悬梁刺股，奋发自强了一年，终于考上了名牌大学的研究生。在她接到通知书的一瞬间，她决定不再想他了，因为这段经历告诉她，爱人得首先自爱。

不要自惭形秽，也不必抬不起头来。失恋与你个人好坏无关！他离开你，是他没有福气；你离开他，你会更幸福。天涯何处无芳草，把最好的自己留给下一个人。

一句话安慰

在爱中，不是得到，就是学到。

如果不爱，就果断地离开

向爱慕的异性表白被拒后，是尴尬、疏离、断绝关系，一眼不看，变成仇人？或者，放弃尊严、死缠烂打，希望他（或她）回心转意？

俞瑕大着胆子向暗恋已久的男人表白，却听到对方严肃认真地说："谢谢，知道你爱我，我很感激。但是你知道的，我已有女朋友了。"她立马觉得对方糟蹋了自己的爱情，第二天她把那个男人当仇人，视而不见。告白被拒就像一根刺一样，让她每回想一次就难受一次。

半年后的一天，闺密陶陶向俞瑕讲述自己的爱情悲剧。

陶陶的男友是个出轨专来户，对于女人的爱，只要不是特别排斥的，他都会来者不拒，照单全收。

十年来，每当陶陶指责男友时，对方总一脸无辜地说："是她们非要缠着我的，我又没有去招惹她们！"傻陶陶竟信了，还总是替男友辩驳，认为是别的女人投怀送抱，他只是拒绝不了。

最后，当陶陶逼着男友结婚时，对方才坦白："我根本不爱你，是你自己非要缠着我。我已经有未婚妻了，年底结婚。"陶陶这才明白，自己不过和那些他没有拒绝的女孩一样，是他顺水推舟的一场艳遇而已。

听完陶陶的故事，俞瑕恍然明白："我爱慕过的那个人因为不爱拒绝了我，以前我仇视他，其实，我应该感谢他。他的拒绝，不仅是对他自己感情的负责，更是对我的尊重和爱护。"

朋友王辉是花花公子，但长得帅，又有钱，所以喜欢他的女孩子很多。

一般来说，他都会选择和女孩子们暧昧不清。但是，有一次，我们却见他严辞拒绝了一个纯真善良的女孩子。

大家不明白，王辉说："如果她是那种坏女孩，我会考虑接受。但，正因为她太好了，我才要拒绝，我什么都给不了她，而她值得更好的男人来爱。"

当局者迷，旁观者清。我们常看电视剧里的三角恋，怪男主角怎么不拒绝女配角，这样女配角还可以和男配角成双成对。但是，如果我们站在配角的位置上，我们才不要被拒绝呢！就算被拒绝了，我们也总是用尽各种办法想成为女主角，比如，对男人的拒绝听耳不闻，找出各种利己的理由解释，对男配角的爱慕视而不见。最终呢，若失败了，那就成了男女主角坚贞不渝之爱的陪衬；若成功了，不过成了破坏别人恋情的第三者。

告白被拒时，自尊自然受到打击。不过，冷静下来想一想，这种拒绝何尝不应该感谢呢？对方因不爱而拒绝你，他不想欺骗你的感情，他不想浪费你的青春，他不想挡在你寻找幸福的路上。他的明确拒绝，让你有了开始下一次恋情的机会。

一个男孩为自己暗恋的女孩辗转反侧多年后终于表白了，回应他的只有两个字：不行。本以为男孩会经不住打击，他却说："不知拒绝是福还是祸。我高兴我终于有了勇气对她说'我爱你'，把埋在心底的爱倾吐出来。我高兴，因为我知道答案后，就不会再为她失眠，可以安心地睡个好觉。"

　　网友春雨相恋3年的男友为了事业竟和老板的女儿结婚。春雨伤痛欲绝，辞职出国求学兼疗伤。在澳洲，她遇到了真心疼惜她的男子，并结为夫妻。

　　每当她怨恨前男友的时候，她老公总会用异国腔调说："上帝这么做，是为了让你遇到我。"这么一想，春雨倒也看开了。

　　若有一个你不爱的人向你示爱，别不忍心拒绝。你的不拒绝，只能让他越陷越深。错误地接受，有时候比拒绝的伤害更大，不仅伤害对方，还有可能伤害你自己。

　　若是爱上了一个人，那就去表白，不要一直不离不弃地等。

　　如果你不能确定他是不是属于你，那么放手让他飞吧。如果他会飞回来，那么他是你的。如果他一去不回头，那么他从来不曾属于你。既已如此，放弃这双不合脚的鞋，去找一双合脚的鞋吧。

　　若爱情被拒绝，不要太过悲伤。若干年后，当你遇见真爱时，你会明白，正是当年对方的拒绝成就了你今天的爱情。因为，它给了你审视自己情感的机会，给了你再次相逢爱情的机会。无论那时，你们是朋友，还是形同陌路，对于这一点儿伤痛要心存感激。

一句话安慰

　　旧的不去新的不来，是你的终究是你的，心态左右爱。

被抛弃后，你要学会独立行走

大学期间，陈洛有一个谈了两年的女友。大学毕业后，陈洛来到北京闯荡，境况有点儿落魄，女友见陈洛没什么前途，就离他而去。

这使得陈洛非常愤怒、难过，发誓要混好了给女友看，让对方后悔。

两年之后，陈洛的经济条件有所好转，当年抛弃他的女友也还是孤身一人，便提出跟陈洛复合。可是，当初女友的背叛早就在陈洛心中落下了伤痕，时不时就隐隐作痛。于是，陈洛果断拒绝了前女友的要求。

世界上最残酷的背叛，通常来自最好的朋友，尤其是一个一直都对人真心实意的人，一旦发现自己被最信任的朋友抛弃了，就会觉得特别痛苦。不仅仅是因为我们少了一个朋友，而是我们最珍视的感情被出卖了，好像自己以前的付出都成了笑话。

一个女孩被闺密和男友双重背叛,在骂过男友之后,她责问闺密:"我和你十几年的感情，还抵不过你们俩在一起一个月的时间？前不久你失恋的时候，我还彻夜安慰你。当你和我男朋友好的时候，有没有想过我，想过我们的感情？"

不管是什么样的原因，抛弃和背叛既然已经成了事实，那我们就必须接受，否则，一味地哀求只会让对方更加看不起你。

有个寓言，说的是：一棵苹果树终于结果了。

第一年，它结了10个苹果，9个被拿走，自己得到一个。苹果树愤愤不平，于是自断经脉，拒绝成长。

第二年，它结了5个苹果，4个被拿走，自己得到一个。它想："哈哈，去年我得到了10%，今年得到20%！翻了一番。"

这棵苹果树心理平衡了。这就像我们受伤了之后，会把自己缩在壳子里一样，以为接触的少了，受伤的机会也就小了。这是一种逃避的态度，生活并不像我们想象的那么单纯，逃避解决不了问题。

正确的态度是让自己继续成长。当苹果树结了100个苹果，哪怕只得到一个，那也不是最重要的。重要的是，它长成了参天大树，当年那些阻碍它成长的力量都会微弱到可以忽视。

所以说，恋人的背叛和抛弃可以是我们成长的催化剂。我们也许是吃亏了，但更重要的是我们成长了。伤害我们的人在伤害我们的同时，也让我们懂得了不能依赖别人，让我们学会了坚强，让我们从那个任性、脆弱、不懂事的人变成了成熟、独立的人。这何尝不是另一种收获呢？

谁都明白这些道理，不过落在自己身上，那就不是件容易接受的事情了。习惯被照顾的人一旦被抛弃，不少人会选择怨恨。

其实，从另一个方面来说，我们应该去感恩，因为他们的放手，让我们学会了独立。只有自立自强，才能有美好的未来。

一个女人第二次离婚，第二次被所爱的丈夫抛弃。丈夫提出的离婚理由是："她非常清楚，只有抓紧我，才能有以后的生活，她可以打着爱我为我好的名义，得罪我周围所有的人，我能好吗？我倦了累了，所以我选择放弃……"

男人确实对女人说过："我养你。"但是，如果女人听了这话，便安

247

心地做起了全职太太，那她就是不清醒的。

无数被男人抛弃了的女人，正是那些完全依附在男人身上的女人。是谁断绝了这些女人的后路？不是男人，恰恰是女人自己。

失去了独立生活能力的女人，没有经济支持，没有同事，甚至没有朋友。她的整个世界就是丈夫，那么一旦丈夫感到厌倦了，她的世界必然坍塌。

我的一位同事生完孩子后，就在家做起了全职太太。后来，因为家庭变故，她跟丈夫离了婚。离婚后的她发现自己和整个社会都脱节了。为了养育孩子，她开始四处求职找工作，重新塑造自己。

现在有了经济能力和工作能力的她，一改最初的自卑、没信心，变得活泼开朗、坦荡从容。这样的女人自然容易获得公司男士们的注意与欣赏。

如何面对抛弃你、背叛你的人呢？不要怨恨。伤害你的是你的亲友，但你最大的敌人是你自己。看不开，那你的心里就会时不时隐隐作痛。所以要解脱出来，原谅对方。

当然，在被愤怒冲昏头的时候，也要反思一下自己，看看是不是自己做得不对。站在对方的角度看看，是不是对方也有不得已的苦衷。这样能让我们更有勇气靠自己去解决问题。

感谢抛弃你的人，他们给了我们自立自强的机会。正是因为他们绝情地拒绝和放手，尽管伤痕累累，但我们知道了如何生存，如何过得更好。

一句话安慰

调整好心态，在痛苦过后，等待我们的不是黑暗，而是更加光明的未来。

感谢用爱逼迫你向前的人

女学生情窦初开，暗恋上了语文老师。但是老师对她的爱慕并不理会，反而故意疏远，还时常数落她，甚至断言："你的状况根本就没有考上重点大学的希望。"

听到自己喜欢的老师这么说，女学生感觉五雷轰顶，狠下决心，努力学习。最后，她终于考上了重点大学。

就在即将去大学报到时，她才知道老师不是不明白她的爱慕，只是不得不采用这样的方法激励她朝更加宽广的舞台迈进。

数十年里，每当想起这事，她总是对老师心怀感恩，因为他用特殊的爱逼迫她奋发向前。

想起一个故事，说一个人爱吃熟透的柿子，因此，总是冒着生命危险爬到树的最高处去摘。

一次，他失足吊在一根树枝上，上也上不去，下也下不来，情势很危险。

这时，树下的智者捡起一个石子向他投去，他在上面气得大叫。但智者还是继续捡石子砸他，还一次比一次用力。

吊在树上的人忍无可忍，觉得不出这口恶气枉为男人。

正是在这种想法下，他用尽全身力气，尝试了各种方法，终于够到了更粗的树枝。

等他从树上下来，围观者一语点醒他："其实唯一给你帮助的人正是智者，正是他的反常举动激怒了你，才使你发挥出了超乎寻常的潜力，爆发出战胜困难的勇气。"

人的一生，都是在被骂被打击中成长的。要把别人的批评当成好听的话听进去。如果一句话，你觉得很难听，那你就要把这句话当成一个刺激你进步的动力。

面包界的"台湾之光"吴宝春夺得素有烘焙界奥林匹克之称的法国面包大赛首届冠军。

据说，在研发冠军面包的过程中，他不断听到"不好吃"的刺耳批评，甚至他的朋友认为根本没胜算，告诉他不要拿去参赛了。就是这些话刺激了吴宝春，他坚持要做到大家都说好吃为止。

流行歌曲天后蔡依林出道这么多年，收到了很多毒舌批评。但是她却一路挺过来了，她曾经有感而发地说要谢谢曾经很不看好她的人，谢谢他们给自己很大的打击，让她一直很努力。

郑伊健也是常把冷嘲热讽当作激将法的人。早年在无线训练班的时候，有个同学已经签了约，当时郑伊健还没有，只能靠考试进入 TVB。当时他的这位同学对他讲："你死了这条心吧，你做不了明星的。"因为他这句话，郑伊健决定要靠自己进入 TVB，所以表现得更加努力。

有时对朋友怎么劝慰和鼓励都没有用，只能用激将法。

女儿刚一岁，好友的丈夫就提出了离婚。两眼一抹黑，好友完全不知道该怎么办。朋友们闻讯赶来，没有宽慰，反而陈述了现实的残酷，老公的无情，逼着她认清现实，直面人生。被朋友们这么一"逼"，她也知道自己只能振作起来。

被鄙视了、被别人看笑话了，或者被恶意批评了，都无须动怒。把他们的话都记在心上，什么时候懒惰了，什么时候松懈了，就拿出来过一遍，这样倒是能刺激你进一步向前。

一句话安慰

应该感谢那些刺激你的人，他们用另一种"爱"促使你成长。

别让背叛磨灭你爱的勇气

有个女生把自己的闺密介绍给男朋友认识，结果一个假期过后，男友和闺密成了恋人，自己却被淘汰出局。

爱情和友情的双重背叛令她痛苦不堪，内心充满了仇恨。从此，她开始排斥恋爱，用怀疑的眼光看一切男人。

受了爱情的背叛，遭受了婚姻的失败，不少人会失去重新选择的勇气。可是，为什么就不能这样想一想呢？白流苏婚姻失败之后，都能在那样的社会里找到爱人范柳原，和她共谱倾城之恋，我们怎么可能会遇不到更适合自己的人呢！

分手后没必要去仇恨对方，换个角度想想也许应该感谢他，因为他给了你一个重新选择的机会，可以重新来过你自己的生活！

十多年前，朋友多次撞破丈夫的外遇，她愤而离婚。离婚一年后，她遇上了现在的丈夫，一个大学教授，遂鼓起勇气再婚。结婚十年了，两人仍然十分恩爱。她曾说："如果要用我之前婚姻受过的苦来换现在的幸福，我也是愿意的。"

很多人不愿意离婚分手，正是担心自己再也找不到合适的人或者爱自己的人。但是，如果婚姻已经残破不堪，恋情也磨灭不在了，那留下还有什么意义呢？他根本就不心疼你，这样的人，留下来也是时时提醒着你的失败。外面那么大，爱你的人也许还排着队，老在他这里胡搅蛮缠，这不是和自己过不去吗？

女人有时候不是因为爱而离不开另一个人，更多是因为习惯。

一个生活在家暴中的女人，总是下定不了决心离婚，为了孩子，为了挽回丈夫。等到她四十多岁，孩子大了，实在无法挽回婚姻的时候，她才离。

试想，如果她早点离了，也许能在更年轻的时候遇到更多好的选择，再不济也能少受点儿拳头。

楼下的邻居怀孕时，前夫出轨。离婚后，她一个人生下孩子，独自抚养。过了几年，她和另一个带孩子的离异男人结了婚。两人相亲相爱不说，孩子们也从来不打架，大儿子给小的挤牙膏，小儿子给大的拿毛巾。

这个世上什么样的人都有，选错了也别太责怪自己，谁能不犯错呢？人人都说，婚姻像鞋子，舒不舒服，只有脚知道。

经历过三次婚姻的宋丹丹也曾说自己更愿意从积极角度去看待离婚，并认为多次的婚姻只能证明你没有找到一个最合适你的男人。离婚了，那就重新找一双自己穿上感觉舒服的鞋。

一个女人选择了一个很憨厚老实的男人结婚，她觉得这样的男人有安全感。婚后两年，她才明白老实的男人也不可靠。离婚后，她决定换个不同类型的男人，要不怎么知道什么样的适合自己呢。后来，她遇到了一个健谈主动的男人，获得了重新迎接新生的勇气。

不和谐的婚姻如果不结束的话，双方都没有重新寻找的机会。所以，实在不行了的婚姻就让它死去吧，这比垂死挣扎更人道一些。

为了某种原因僵持着婚姻状态，才是最失败的。两个人的分开并不是一种失败，只是重新选择了一次生活。

虽然一段感情的别离总是让人伤感，但是，另一半的背叛或者拒绝，给了你重新选择的机会。

很多人会"一朝被蛇咬，十年怕井绳"，但是什么是蛇，什么是井绳，我们应该分得很清楚。毕竟，坠入情网，永远是一件美好的事。

一句话安慰

淡化它，忘掉它。可以不信任这个人，但一定要相信爱。

情感有挫折也会有新生

几乎90%的人看到"离婚女人"这几个字的第一感觉都是凄凉悲苦：一个女人被丈夫抛弃，独自抚养孩子，灰头土脸，迷茫失落，生活艰难，羞愧到连镜子都不敢照……很多女人不敢离婚，就是怕自己"贬值"到这个地步。

但是，我们很少思考为什么女人离婚后会"贬值"。

除了传统文化和社会现实导致的大众观念以外，还有一个很重要的原因——离婚女人往往自卑。

正是这样的不自信心理，让她们把自己放在了低人一等的位置，委屈自己，将就着生活。一个有如此消极思想的女人怎么可能美丽得起来？

有一次看《康熙来了》，在一群三十岁左右的女明星纷纷叫嚷着要把自己赶紧嫁出去的时候，一个女星爆出了这样一句话：三十岁后，离过婚的女人往往比没有结过婚的女人更有魅力，更能吸引男人的目光。

这一说法得到了很多男性的支持。因为他们觉得离婚女人身上已经没了那些脆弱、任性、患得患失等，呈现出的是自信、宽容、独立、漂亮、坦荡从容。

255

一个经营婚姻十年的女人，在丈夫外遇后选择了离婚。离婚后，她以比以前好得多的状态，潇洒地继续着自己的生活。

现在，她是这样的：玫红色的连衣裙，水晶装饰的高跟凉鞋，精神焕发；优雅成熟，少了纯情，多了风情；保养得宜，装扮精致，从十年前的"丑小鸭"变成了"白天鹅"；衣食无忧，从容淡定；从不谙世事变成一个能干独立的女人；会忍耐、能包容、坚强乐观、笑对生活。

婚姻失败了，并不是我们整个人生的失败。它就像我们尝试做一件陌生的事情失败了一样，很正常，你需要的只是从容面对。你可以从中学到很多经验，当然如果有下次，你一定会成功。这也是为什么很多男人选择和离过婚的女人共组家庭的原因，能长久。

也就是说，对于女人来说，离婚是增值还是贬值，是由她自己决定的。

儿子三岁时，笑蓉发现丈夫有外遇。

那段时间，她日夜愁苦，偶尔遇见熟人，对方总是惊讶地问："你怎么老了这么多？"

最终，笑蓉以放弃所有财产换取儿子的抚养权为条件，和丈夫离了婚。因为她清楚，如果不脱离这种困境，自己会被这桩婚姻耗成老太婆。

刚离婚那段时间，笑蓉整天待在家里胡思乱想，变得刻薄、敏感、无精打采，不相信爱情。空虚的她连喝了一个月的酒，常常醉得一塌糊涂。

当她目睹了一个离婚女邻居自杀后，她才清醒过来，告诉自己不能这样对生活绝望。

笑蓉在最艰难的时候走上了创业之路，最终成功拥有了自己的小公司。

在这一年多的时间里，她仿佛回到了自己的少女时代，自豪、自信、自由肆意，加上人长得好看，又会打扮，她变得很有吸引力，追求她的男人多过一打。离婚之后，她成了有魅力的自信女人。

离婚后，心理调适最好从消除挫败感开始。很多离了婚的女性，是自己降低了标准，总觉得自己离过婚，便低人一等。

你不要认为自己现在是豆腐渣了。如果你真的把自己降价处理，那只会越来越没有人要。你要树立信心，玉在椟中才能求善价，大不了不嫁，反正婚姻也经历过了。

另外，离婚女人很多都穿得灰灰的，脸也灰灰的，给人的感觉很抑郁。要尽可能把自己打扮得漂亮一点儿，干净美丽才能提高自信心。和朋友聊天出行，做你喜欢的事情，这能挽回你的自信。

很多女人离婚是为了向前看，是为了不成为失败婚姻的牺牲品。既然如此，在哀悼离婚的时候，我们更应该庆幸自己有了为自己而活，重新开始追求幸福的机会。

一个女人从民政局拿着离婚证出来，就直奔熟食店，给自己买了想念已久的鸭脖、鸭翅等食物。

她说自己终于不用顾念丈夫的喜好而委屈自己了。以后她想在家吃就自己做，不想做就出去吃，终于告别"厨房＋围裙"的"菲佣"生活，不必唯唯诺诺了。

一间阔绰的卧室、一张宽大的双人床，想横着睡便横着睡，想竖着睡便竖着睡，想打着滚睡便打着滚睡，彻底解放。

离婚后，她成了自己生活的圆心，可以选择自己想看的电影、想读的书，甚至是想要的窗帘颜色。

离婚，对于女人来说，更应该是一种新生。

虽然岁月让离婚女人有了"折价"，但这和离婚关系不大。而且，在情感的挫折中变得更加自信的女人更吸引异性的目光。所以，增值或贬值要看你自己。

让你的魅力从离婚开始吧!

一句话安慰

变自信,或变自卑,取决于你对伤害的理解,换个角度看,它也是一次重生的机会。历经沧桑的云淡风轻,胜过一切表面上的无动于衷。

爱情可以搁浅，生活还要向前

因为恋爱失败，他变得感情脆弱、性格古怪，难以接近，最终悲愤地从20层楼上跳下自杀；

被抛弃后，不再相信异性，她对爱情也避如蛇蝎，坚持终身不婚的独身主义……

恋情受挫后，悲愤、绝望、极端、报复等心理会让我们变得不正常。只为了爱——盲目的爱，而将别的人生要义全盘否定了，那这爱也不是成熟的真爱。

年轻时，我们都有为爱献身的冲动，那也只是一瞬间的事情。爱情比起生命显然是轻的，不要以为你一生只能遇见一个真爱。

爱情是一门学问，就连失恋也是需要学习的。我们遇到爱，从小小的世界探出头，学着用爱把自己和他人连接起来，犯错和受挫都是难免的。

但是，没有恋情的受挫，没有处理过悲伤，总结过经验，那并不是懂得爱情。当你面对分手，不再害怕失恋时，那就是爱练成的时候。

张惠妹非常在乎爱情，她说："我不能没有爱情！轰轰烈烈也好，纠缠不休也好，甚至失恋也好，这些都是我需要的，不然我怎么唱情歌呢？"阿妹无疑有很强的恋爱受挫能力，因为她知道失恋也是需要的。更可贵的一点是，无论遇到怎样的感情失败，她都能对未来的感情抱有初恋的心态。

恋情受挫是必然的，失恋、离婚，以及我们在爱情中所受的苦都只是一个坎，而不是一个不可逾越的鸿沟。

虽然消化爱情受挫造成的苦闷，远远比消化一只鸡腿、一块面包复杂得多了，但我们总有方法消解恋爱受挫的不良情绪。

有些人恋爱受挫之后，或者婚姻出了问题，总是自卑。他们害怕大家知道自己离婚或失恋了，当谈论起相关问题的时候，他们就低头不语或者敷衍过去。

千万不能压抑，爱的负面情绪是怪兽，你越压抑它就越长越巨大。等到你管也管不住的时候，有人就崩溃了、发疯了，得抑郁症了。

现在很多人选择对外倾诉自己爱情受挫的经历，寻求大家的宽慰和帮助。在天涯论坛，这种情感帖很多，隔着网络公开隐私也并不是什么丢脸的事情。不过，大部分人会选择找个可靠耐心的朋友，倾诉自己的苦闷，然后重新开始。

网友经常当"知心姐姐"，因为她的好友会把一肚子的苦水不由分说地往这边倒：男友手机里的一条暧昧短信，男友电脑里有陌生女人的照片，男友没有给她买生日礼物……网友要耐着性子陪她打到听筒发烫，听她把男友骂得一无是处。但是，她的朋友从不想得到什么建议，要的只是一吐为快。

当把自己的愤懑、伤心、失望倾吐出来以后，对方的心理负荷会释放，心情也会平静。

除了诉说，合理宣泄消极情绪，我们还可以做自己喜欢的事情。

一位朋友中年离婚了，变成单身之后，她马上去报班学了自己一直向往的绘画，结果学到新知识，结识了新朋友，连离婚后的消极情绪也通过画画排遣掉了。她说自己每天都忙着画画和交流，根本没有时间伤感。

有时候感情受挫是因为性格不合、志趣不同、价值观不同等原因，这时候，你也不妨逆向思考一下。

试想，如果勉强凑合下去，强求对方改变，那早晚也是要分要离的，失恋虽然不是好事，但是及早分手能少受点儿折磨。

对于那些走了极端，害怕失恋因而坚持不恋爱的人，从爱情经济学角度来说，失恋也要比不恋强。

据研究，失恋者一开始都极度痛苦，但几个月后，当他们接受了恋人永远不可能回头，那他们就会把快乐极大化，总结出这次失恋的经验教训，为下一次恋爱提供参考。到这时候，他们就会暗自庆幸自己当初没有因为失恋而自杀，现在还可以快乐地生活，快乐地期待下一场恋爱。

由于害怕失恋而不去恋爱，在经济学家眼里是最不理性的行为。只有勇敢地一次又一次地恋爱，并在其中确认和追求自己的价值，这才能继续提升你的心理承受能力。

一句话安慰

当爱情搁浅时，一定要告诉自己放平心态，不放弃信念，让内心变得强大。请相信，爱，是吸引来的。

生活不会因爱情的失意而失色

有人说，除了牙齿，难以自拔的还有爱情。失恋袭来，所有人都会一时陷入痛苦的深渊，对生活失去了热情和留恋。

一蹶不振的失恋者听不进众人的劝解，总是会追问："她为什么离开我？""他为什么不爱我了？"问来问去，他（她）也不过是在借酒浇愁里自哀自伤，与现实生活毫无意义。

但，你的生活本来就是你的，你爱他时，你爱着的生活是你自己的；你不爱他时，你的生活还是你自己的。失恋是旅程要经过的一站，但在这个旅途中，无论什么时候，你都要对自己好。

为了与北京的男友相会，一个漂亮聪明的女大学生主动放弃了南方的好工作，不眠不休地考试复习，准备考北大的研究生。但是，就在进考场的前两天，男朋友狠心地告诉她自己已经有了新女友。

这无疑是晴天霹雳。女生把自己关在房间里，哭得撕心裂肺，就这样哭了两天。所有人都以为她完了。但是，她还是硬撑着去考试，最终成了北大研究生。

很多年以后，她谈起这件事还很感慨。在那两天里，她不止一次回忆在寒冬里挑灯夜战的自己，为如此努力的自己而心痛动容。正因为这样的心痛，她才要努力兑现自己到北京的承诺，让自己过得更好。

爱有引人向上的能力，能够给人超人般的力量。只要你的内心足够强大，你就能把失恋转化为正面能量来成就自己。

精神分析学家弗洛伊德把物理学的"升华"概念引入艺术创作。他认为人在遭受挫折后会把痛苦转化为一种具有建设性意义的动力，比如把自己的感情和精力投入到有利于他人的活动中。

歌德在失恋之后把自己的内心痛苦转化为文学艺术的创作，写下了风靡世界的《少年维特之烦恼》；居里夫人在失恋作用力的推动下，踏上了科学的大道……

这就是失恋升华，把失恋者的心理补偿变成了有价值的创造，把爱情的痛苦转化为寻求更高生命意义的动力。

初恋女友在周华健准备发行第一张专辑时提出分手，女方父母认为周华健太穷，加上娱乐圈是大染缸，因此不同意。这次心痛的恋情逼得周华健定思痛，努力赚钱，并立志要一生都做音乐。

德国足球选手波多尔斯基第一个喜欢的女孩子是克林斯曼的球迷，为了赢得她的喜欢，波多尔斯基就每天苦练射门。

朋友与女友相恋五年，还为她放弃了大公司的高薪工作和远大前程，却最终被分手。他整日茶不思，饭不想，昏昏沉沉。伤心之下，他准备跳海自杀。但是最后一刻，他想到了亲人和自己的理想。于是，他收拾行囊南下，在南方勤勉地工作。

几年奋斗之后，他获得了极大的成功，还找到了自己的另一半。在他结婚之前，他特意去看望了以前的女朋友，感谢她。如果前女友没有提出分手，那他也没有今天的一切。

感情是毁人的利器，让多少英雄都曾气短。但是，感情也造就了很多英雄。

痴情没有错，但是面对失恋，沉沦自毁总是让人瞧不起的。只有奋斗，才是化解失恋最好的方法，也才是痛苦美的升华。

100个人失恋，有99个是女人。现在，这些女人大部分都被"逼"成了女强人。

同事萧微说，盲目的爱情让她荒废了自己的事业，完全成了笼中鸟，但失恋却让她重新认识到了自身存在的价值。没了爱情，她不再为世上另一个人担心忧虑，不用急急赶去约会。她可以尽情地在公司加班，散发自己的热情，勤恳工作。上司的嘉奖、同事的认同，都让她重新找到了生活的意义。

如果工作能疗情伤，那何乐而不为？

一句话安慰

失恋了，不要沉沦，不妨把痛苦暂时撇开，将自己的注意力放在有意义的事情上，以事业的成功来替代失恋的痛苦。

爱情里没有对不起，只有不珍惜

"珍惜"仿佛成了流行词汇，比如珍惜时光、珍惜健康、珍惜爱情……一下子，"提醒珍惜"的声音响彻四方。但是，珍惜的供给往往赶不上珍惜的需求量。所以，无论谁听到了"你是最值得我珍惜的人"这句话，都要感动得无以复加，恨不得以身相许。

郑岳和妻子离婚后，很快娶了一个比他小很多的漂亮女人。可再婚不久，婚姻危机就出现了，小妻子与他感情不和，坚决要离婚。

郑岳的哀求早已唤不回妻子的心。他年纪大了，感情打击使得他的心脏病越来越严重。

郑岳感叹道："现在我正需要人照顾，身上只剩下治病的钱，她却要跟我离婚、分财产，想想还是前妻待我真心啊，真后悔以前做的一切。"

据说，未曾在长夜痛哭过的人，不足以语人生。身在福中的人往往不知福，更不懂得惜福。只有失去过的人，才懂得什么叫作珍惜。

一个男人出了车祸，骨折住院，妻子默默地照顾，毫无怨言。男人却熟视无睹，日日盼着情人来。但是，情人在这三个星期里早已经和前男友如胶似漆了。

得知事实，男人彻底死心，用三个星期看清了以前一年都没有认识的人。他庆幸自己还没有离婚，还有机会弥补志，亏欠妻子的，珍惜和妻子的婚姻。

一个女生在教授的要求下做了个心理测试——谁是你心中最值得珍惜的人。她从20个人名中依次划掉了相对次要的人的名字，最后，只剩下父亲、母亲、丈夫和孩子。在艰难的选择后，女生无可奈何地划掉了父母的名字，哭泣颤抖地划掉了儿子的名字，最后独独留下丈夫的名字。

教授问她："丈夫没了可以重新再找，为什么反倒成了最难割舍、最值得珍惜的人。"女生坚定地说道："随着岁月的流逝，父母会先我而去，儿子长大成人后独立了，肯定也会离开我。而真正能与我度过一生的，却只有我的丈夫！"

对于男人而言，最值得珍惜的不是什么所谓的心灵密友、红颜知己，而是糟糠之妻。从风华正茂走到垂暮龙钟，你的妻子是要伴你一生的。

你的妻子也曾年轻貌美、青春活泼，只不过是岁月的打磨、家务的操劳，渐渐消磨了她的美丽。虽然现在你觉得她不再像从前一样和你谈天说地，不再像年轻时一样小鸟依人，不再花前月下里吸引你的目光，但是，你要明白，她为什么会不能如此。那是因为她把自己的一切都贡献给了你和你们的家庭。

一个男人从酒吧回到情人的住处，胃疼难忍。他推着熟睡的情人，要她去拿胃药熬白粥。

谁知，情人猛地坐起来，喊道："你烦不烦，胃疼自己想办法，不要搞得我也不安生。"说完，她怒气冲冲搬到隔壁去睡。

男人躺在床上，除了胃疼，他的心更痛。想起妻子整夜守在自己身边，花两个小时用文火给自己熬粥，男人心中阵阵后悔和愧疚。

也许，当那个出轨的男人和情人在法国餐馆享受烛光晚餐的时候，他的妻子只是胡乱吃了几口剩饭，便又忙着收拾家里。也许当他和情人在外面逍遥快活的时候，你的妻子正在彻夜照顾生病的孩子。

人的一生可以爱很多人，但是慢慢地你就会明白，有些缘分永远不会有好结果，而和妻子的良缘，你拥有了就更应该去珍惜，去爱。所以，你的珍惜只能给她，给这个无怨无悔做你妻子，爱着你、陪伴着你的平凡女人。

有些人总说自己珍惜和恋人的情缘，但是如果你现在还没有意识到妻子甜美的微笑、贴心的问候、充满爱意的饭菜是那么美好，没有意识到这些有一天会离你而去，那你就不是真的懂得珍惜的真正含义。

在婚恋里，没有谁对不起谁，只有谁不珍惜谁。关于爱情，我们可以懂得不多，但是，你要知道，两个人在一起，从来都不简单，总有生活的琐碎、误解和伤害。如果没有珍惜和责任，爱又有什么意义呢？

一句话安慰

失恋让你变成光棍，但是失恋，却让你更加了解爱情。